计算机应用基础
精讲与应试解析

主　编　向　波　康伟民
副主编　杨　凯　盛　鑫
编　委　（以姓氏笔画排序）
王　红　重庆三峡医药高等专科学校
向　波　重庆三峡医药高等专科学校
李　果　重庆三峡医药高等专科学校
杨　凯　重庆三峡医药高等专科学校
何怡璇　重庆三峡医药高等专科学校
郭振勇　重庆三峡医药高等专科学校
盛　鑫　重庆三峡医药高等专科学校
康伟民　长春医学高等专科学校

華中科技大學出版社
http://www.hustp.com
中国·武汉

内 容 提 要

本书是作者在总结多年实践教学和考试经验基础上，为了适应"专升本"考试的需要，帮助考生顺利通过"计算机应用基础知识"的考试，根据普通高校"专升本"考试大纲的要求，精心编写而成。

全书共分9章，主要内容包括计算机基础知识、Windows 7 操作系统、文字处理软件 Word 2010、电子表格处理软件 Excel 2010、电子演示文稿软件 PowerPoint 2010、计算机网络、多媒体技术基础、计算机信息系统安全、模拟试题及附录。

本书充分体现了"专升本"考试大纲对于"计算机应用基础知识"的要求，知识点阐述准确清晰、言简意赅、重点突出，试题解析简明扼要、深入浅出。

本书适合于普通高校申请"专升本"的高职高专学生使用，同时也可作为其他人员学习或参加计算机基础考试的参考用书。

图书在版编目(CIP)数据

计算机应用基础精讲与应试解析/向波，康伟民主编. —武汉：华中科技大学出版社，2014.8
ISBN 978-7-5680-0326-1

Ⅰ.①计… Ⅱ.①向… ②康… Ⅲ.①电子计算机-高等学校-教学参考资料 Ⅳ.①TP3

中国版本图书馆 CIP 数据核字(2014)第 183250 号

计算机应用基础精讲与应试解析 向 波 康伟民 主编

策划编辑：史燕丽
责任编辑：史燕丽 张 琳
封面设计：范翠璇
责任校对：何 欢
责任监印：周治超
出版发行：华中科技大学出版社(中国·武汉)
武昌喻家山 邮编：430074 电话：(027)81321915
录 排：华中科技大学惠友文印中心
印 刷：华中理工大学印刷厂
开 本：787mm×1092mm 1/16
印 张：13.5
字 数：341 千字
版 次：2014 年 9 月第 1 版第 1 次印刷
定 价：36.00 元

前　言

根据当前计算机的发展、计算机在实际中的应用情况，教育部适时调整了“专升本”考试的“计算机应用基础知识”考试大纲，删除了部分过时或不适应需求的知识点，将“Windows XP+Office 2003”模式改为“Windows 7+Office 2010”，并增补了部分新技术的知识点。

为了加强高职高专学校学生计算机应用基础课程的学习效果，提高高职高专学生参加“专升本”考试的应试能力，作者根据“专升本”考试新大纲的要求，在总结多年实践教学和考试经验的基础上，精心策划和编写了本书，以给广大考生提供学习帮助和支持。

本书突出计算机应用基础知识课程的知识点，精讲点拨；依据考试大纲，重点解析试题，精心采编习题。本书的结构主要包括考纲扫描、精讲点拨、例题解析、知识拓展、巩固练习、习题集锦，最后有成套的模拟试题及试题答案。

(1)考纲扫描是对考试大纲的说明。

(2)精讲点拨是针对考试，突出重点，对知识点言简意赅的阐述，包括了大纲要求的全部考点。

(3)例题解析是选择有代表性的、题型典型的真题和模拟题，以帮助学生理解考点内容，提高解题技巧。

(4)知识拓展是对考点的进一步阐述和延伸，丰富考生的知识面。

(5)巩固练习是在对相应考点例题解析的基础上，列举针对性习题加强巩固训练。

(6)习题集锦是对本章节知识点进行复习，以习题练习加强知识的记忆和运用。

本书充分体现了“专升本”考试大纲对于“计算机应用基础知识”的要求，知识点阐述准确清晰、言简义赅、重点突出，试题解析简明扼要、深入浅出。

本书主要由重庆三峡医药高等专科学校的老师编写，向波老师和长春医学高等专科学校康伟民老师任主编，杨凯、盛鑫老师任副主编，向波老师负责本书的策划统筹和编写大纲的制定。其中，本书第 1 章、第 9 章及附录由向波、康伟民老师编写，第 2 章由盛鑫老师编写，第 3 章由白雪峰老师编写，第 4 章由何怡璇老师编写，第 5 章由李果老师编写，第 6 章由杨凯老师编写，第 7 章由郭振勇老师编写，第 8 章由王红老师编写。

在本书的编写过程中，得到了孙萍教授、陈英副教授、毛良副教授的指导和大力支持，在此表示衷心的感谢。

由于时间仓促，编者水平有限，书中难免存在疏漏或错误之处，恳请读者提出宝贵意见和建议。

主　编

目　　录

第1章

计算机基础知识

考纲扫描

(一)计算机基础知识

(1)了解计算机的发展、特点、分类及应用。

(2)掌握数制的概念,二进制、八进制、十进制、十六进制的表示及相互转换。

(3)掌握计算机的数与编码,计算机中数的表示,英文字符,汉字的编码。

(4)了解汉字常用输入方法、输入码(外码)、内码、字库的概念。

(5)理解计算机中信息的存储单位(位、字节、字、字长)的概念。

(二)计算机系统基本组成

(1)理解计算机系统的概念。

(2)硬件系统:

①理解计算机的"存储程序"工作原理。

②硬件系统组成框图:了解中央处理器功能。掌握存储器功能及分类:内存储器(RAM、ROM、EPROM、EEROM、Cache)和外存储器(硬盘、光盘、U盘等)。了解外围(输入和输出)设备功能及分类:键盘、鼠标、显示器、打印机、光驱和其他常用外围设备;掌握总线结构(数据总线、地址总线、控制总线);了解通用串行总线接口USB。

③掌握微机的主要性能指标(运算速度、字长、内存容量、外围设备配置、软件配置、可靠性及性价比等)。

(3)软件系统:

①掌握操作系统基础知识(概念、分类、主要功能等)。

②理解指令和程序的概念。

③理解程序设计语言的分类及区别:机器语言、汇编语言、高级语言(面向过程)、4GL(非过程化,面向对象)。

(4)掌握应用软件。

1.1 计算机的概述

1.1.1 计算机的发展

❈ 精讲点拨

知识点1 世界第一台计算机于1946年在美国诞生,名为ENIAC。

知识点2 计算机时代的划分和特征,如表1-1所示。

表1-1 计算机时代的划分和特征

代次	时间	电子元件	软件特征	应用
第一代	1946—1957年	电子管	机器语言	科学计算
第二代	1958—1964年	晶体管	汇编语言、高级语言	数据处理
第三代	1965—1970年	中小规模集成电路	操作系统	数据处理、文字处理、图形处理
第四代	1970年至今	大规模及超大规模集成电路	数据库、网络	各行各业、多个领域

知识点3 在计算机发展中作出贡献的代表人物有以下几位:

◇ 查尔斯·巴贝奇:英国数学家,1834年设计了差分机和分析机。

◇ 艾兰·图灵:英国科学家,被誉为人工智能之父,提出图灵机和图灵测试的概念。

◇ 冯·诺依曼:美籍匈牙利数学家,提出了"存储程序"的现代计算机原理。

知识点4 我国研制了"银河""曙光"系列巨型机。

知识点5 计算机发展趋势如下:

◇ 微型化、智能化、巨型化、网络化;

◇ 生物计算机、DNA计算机、光子计算机、分子计算机。

❈ 例题解析

【单选题】

1. 世界上第一台计算机是1946年在美国研制的,该机英文缩写名为(　　)。

A. EDSAC　　B. EDVAC　　C. ENIAC　　D. MARK-Ⅱ

[答案] C

[解析] 世界第一台计算机于1946年在美国诞生,名为ENIAC(Electronic Numerical Integrator And Computer)。

2. 使用LSI和VLSI的电子计算机称为(　　)电子计算机。

A. 第一代　　B. 第二代　　C. 第三代　　D. 第四代

[答案] B

[解析] 计算机的发展分四代,每个代次计算机采用的电子元件代表分别为电子管(第一

代)、晶体管(第二代)、中小规模集成电路(第三代)、大规模及超大规模集成电路(第四代)。

知识拓展

名 词 术 语

SSI(Small-Scale Integration,小规模集成电路)
MSI(Medium-Scale Integration,中规模集成电路)
LSI(Large-Scale Integrated circuits,大规模集成电路)
VLSI(Very-Large-Scale Integrated circuits,超大规模集成电路)

【判断题】

1. 世界上第一台计算机是 1945 年美国科学家研制的。(　　)

[答案]　×

[解析]　世界上第一台计算机于 1946 年在美国宾夕法尼亚大学诞生。

【填空题】

1. 目前,计算机发展的四个重要方向是巨型化、微型化、(　　)和智能化。

[答案]　网络化

[解析]　计算机发展趋势:巨型化、微型化、网络化和智能化。

✻ 巩固练习

【单选题】

1. 电子计算机 ENIAC 诞生于(　　)。

A. 1946 年 2 月　　B. 1946 年 6 月　　C. 1949 年 2 月　　D. 1949 年 6 月

2. 第二代电子计算机的主要组成元件是(　　)。

A. 继电器　　B. 晶体管　　C. 电子管　　D. 集成电路

3. 使用 SSI 和 MSI 的电子计算机被称为(　　)计算机。

A. 第一代　　B. 第二代　　C. 第三代　　D. 第四代

4. 被称为人工智能之父,提出了"图灵机"和"图灵测试"等重要概念的是(　　)。

A. 美国人艾兰·图灵　　B. 英国人艾兰·图灵

C. 匈牙利人查尔斯·巴贝奇　　D. 美国人普雷斯伯·埃克特

5. 1983 年,我国第一台亿次巨型电子计算机诞生,其名称是(　　)。

A. 东方红　　B. 神威　　C. 曙光　　D. 银河

【判断题】

1. 第一台计算机是 1946 年在美国研制的,该机的英文缩写名是 ENIAC。(　　)

【巩固练习答案】

[单选题]　1. A　2. B　3. C　4. B　5. D

[判断题]　1. √

1.1.2　计算机的特点

✻ 精讲点拨

知识点 1　计算机的特点:

◇ 运算速度快；
◇ 运算精确度高；
◇ 记忆能力强；
◇ 有逻辑判断能力。

❈ 例题解析

【单选题】

1. 下列不是计算机特点的是(　　)。

A. 能够预知未来　　B. 具有较强存储能力
C. 能够自动执行命令　　D. 运算速度快

［答案］　A

［解析］　计算机的特点不包括此项。

1.1.3　计算机的分类

❈ 精讲点拨

知识点 1　按工作原理分类：
◇ 电子数字计算机；
◇ 电子模拟计算机。

知识点 2　按用途分类：
◇ 通用计算机；
◇ 专用计算机。

知识点 3　按运算规模及运算速度分类：
◇ 巨型计算机；
◇ 大型计算机；
◇ 小型计算机；
◇ 微型计算机；
◇ 单片机。

❈ 例题解析

【单选题】

1. 家庭及办公环境中常见的计算机属于(　　)。

A. 小巨型机　　B. 小型计算机　　C. 微型计算机　　D. 中型计算机

［答案］　C

［解析］　家庭及办公中常见的计算机属于微型计算机，简称微机，或 PC。

2. 我国首台千万亿超级计算机系统，2009 年由国防科学技术大学研制成功，它的名字是(　　)。

A. 曙光一号　　B. 银河一号　　C. 天河一号　　D. 宇宙一号

［答案］　C

［解析］　“天河一号”是由国防科技大学研制成功，运算速度可达 2570 万亿次/秒。

1.1.4　计算机的应用

※ 精讲点拨

知识点 1　科学计算：

◇ 也称为数值运算。主要应用于气象预报、国防军事、航空航天等领域。

知识点 2　信息处理：

◇ 也称为事务数据处理。主要应用于办公自动化、信息管理、数据检索、票务订票系统。

知识点 3　过程控制：

◇ 主要应用于工业自动化控制、自动检测、交通调度等方面。

知识点 4　计算机辅助工程：

◇ CAD(计算机辅助设计)；

◇ CAI(计算机辅助教学)；

◇ CAM(计算机辅助制造)；

◇ CAT(计算机辅助测试)。

知识点 5　人工智能：

◇ 分为智能机器人和专家系统，如中医诊断专家系统。

知识点 6　计算机网络：

◇ 主要应用于网络通信、网络游戏、网络学习等方面。

※ 例题解析

【单选题】

1. 用计算机进行资料检索属于计算机应用中的(　　)。

A. 科学计算　　B. 数据处理　　C. 实时控制　　D. 人工智能

[答案]　B

[解析]　数据处理，也称为信息处理，可以把海量的数据输入计算机进行存储、加工、计算等，广泛应用于办公管理、财务管理、人事管理、订票系统等。

2. 英文缩写 CAI 的中文意思是(　　)。

A. 计算机辅助设计　B. 计算机辅助制造　C. 计算机辅助教学　D. 计算机辅助测试

[答案]　C

[解析]　计算机辅助工程包括 CAD(计算机辅助设计)、CAI(计算机辅助教学)、CAM(计算机辅助制造)、CAT(计算机辅助测试)。

【判断题】

1. 计算机辅助设计的英文缩写是 CAT。(　　)

[答案]　×

[解析]　计算机辅助设计的英文缩写是 CAD。

【填空题】

1. 英文缩写 CAM 的中文意思是(　　)。

[答案]　计算机辅助制造

✻ 巩固练习

【单选题】

1. 计算机最早的应用领域是(　　)。

A. 科学计算　　B. 过程控制　　C. 信息处理　　D. 人工智能

2. 某工厂使用计算机控制生产过程,这是计算机在(　　)方面的应用。

A. 科学计算　　B. 过程控制　　C. 信息处理　　D. 人工智能

3. 目前各部门广泛使用的人事档案管理、财务管理等软件,按计算机应用分类,应属于(　　)。

A. 科学计算　　B. 过程控制　　C. 数据处理　　D. 人工智能

4. 办公自动化(OA)是计算机的一大应用领域,按计算机应用分类,它属于(　　)。

A. 科学计算　　B. 过程控制　　C. 计算机辅助工程　　D. 数据处理

【判断题】

1. 计算机在天气预报中的应用主要是计算机应用中的科学计算。(　　)

【填空题】

1. 在计算机应用中,计算机辅助设计的英文缩写为(　　)。

【巩固练习答案】

[单选题]　1. A　2. B　3. C　4. D

[判断题]　1. √

[填空题]　1. CAD

1.2　数制的概念

1.2.1　数制概念(二进制、八进制、十进制及十六进制的表示)

❈ 精讲点拨

知识点 1　计算机中常用的进制包括二进制(Binary,B)、八进制(Octal,O)、十进制(Decimal,D)、十六进制(Hexadecimal,H)。

知识点 2　二进制:

◇ 特点是逢 2 进 1;

◇ 个位数为 0,1;

◇ 表示方法为 0101B 或$(0101)_2$。

知识点 3　八进制:

◇ 特点是逢 8 进 1;

◇ 个位数为 0,1,2,…,7;

◇ 表示方法为 45O 或$(45)_8$。

知识点 4　十进制:

◇ 特点是逢 10 进 1;

◇ 个位数为 0,1,2,…,9;
◇ 表示方法为 789、789D 或$(789)_{10}$。

知识点 5　十六进制:
◇ 特点是逢 16 进 1;
◇ 个位数为 0,1,2,…,9,A,B,C,D,E,F;
◇ 表示方法为 A2H 或$(A2)_{16}$。

知识点 6　计算机内部信息表示采用二进制的主要原因:
◇ 物理上容易实现;
◇ 运算规则简单;
◇ 运算速度快;
◇ 容易实现逻辑运算。

❖ 例题解析

【单选题】

1. 计算机中采用二进制数字系统的原因,下列说法不正确的是(　　)。

A. 二进制码便于实现逻辑运算　　B. 人们习惯使用二进制码进行计算
C. 二进制在物理上最容易实现　　D. 二进制的计数和运算规则简单

[答案]　B

[解析]　可选答案中的 A、C、D 项都是计算机内部采用二进制的原因。

2. 十六进制数一般在书写时在后面加上字母(　　)。

A. H　　B. D　　C. O　　D. B

[答案]　A

[解析]　进制的表示方法之一,在数的后面加上相应字母,二进制(B),八进制(O),十进制(D),十六进制(H)。

【判断题】

1. 在计算机内部,一切信息的存储、处理、传输都是采用二进制码。(　　)

[答案]　√

[解析]　计算机内部直接识别的是二进制码。

【填空题】

1. 在计算机内部,能直接识别的语言是机器语言,在机器内部是以(　　)形式表示。

[答案]　二进制码。

[解析]　计算机内部直接识别的是二进制码。

✲ 巩固练习

【单选题】

1. 按照数的进位制概念,下列各数中二进制数表示正确是(　　)。

A. 1021　　B. 0011　　C. 0022　　D. 1002

2. 下列二进制数进行算术加运算,1011+11=(　　)。

A. 1110　　B. 1011　　C. 1100　　D. 1000

3. 下列二进制数进行算术减运算,1101−11=(　　)。

A. 1010　　B. 1011　　C. 1100　　D. 1000

4. 下列逻辑运算正确的是(　　)。

A. $1\times0=1$　　B. $1+0=1$　　C. $1+0=0$　　D. $1+1=1$

【巩固练习答案】

[单选题]　1. B　2. A　3. A　4. B

1.2.2　进制转换

❀ 精讲点拨

知识点 1　人们习惯的是十进制，而计算机内部直接识别的是二进制，因此，在计算机处理信息时要进行进制之间的转换。

知识点 2　八进制、十六进制转化为二进制。

◇ 方法：将待转换数按各数位的权展开，然后将各项相加，和即为所求结果。

例 1　$345D\rightarrow 3\times10^2+4\times10^1+5\times10^0$

数位　　10为基数　　10^i为位权

例 2　$0101B\rightarrow 0\times2^3+1\times2^2+0\times2^1+1\times2^0=5$

例 3　$45O\rightarrow 4\times8^1+5\times8^0=37$

例 4　$A2H\rightarrow A\times16^1+2\times16^0=10\times16^1+2\times16^0=162$

知识点 3　十进制转化为二进制、八进制、十六进制。

以十进制转化为二进制为例，十进制转化为八进制或十六进制同理。

◇ 运算法则：整数部分，除 2 取余，方向向上；小数部分，乘 2 取整，方向向下。

◇ 例 1　$12.25\rightarrow(1100.01)_2$

[解题步骤]

整数部分：12

除数	被除数		余数
2	12		
2	6	……	0
2	3	……	0
2	1	……	1
	0	……	1

方向向上

小数部分：0.25

运算	取整数
0.25	
× 2	
0.5	0
0.5	
×2	
1.0	1
0.0	

方向向下

知识点 4　二进制转化为八进制。

◇ 运算法则：从小数点位置开始，整数部分向左，每 3 位划为一部分，不足 3 位，前面添 0；小数部分向右，每 3 位划为一部分，不足 3 位，后面添 0；然后将各个部分换算成十进制数，结果即为所求。

◇ 例 1　$11011011.01B\rightarrow(\quad)_8$

［解析］ 011 011 011. 010
3 3 3 2

［答案］ 11011011.01B→$(333.2)_8$

知识点 5 二进制转化为十六进制。

◇ 运算法则：从小数点位置开始，整数部分向左，每 4 位划为一部分，不足 4 位，前面添 0；小数部分向右，每 4 位划为一部分，不足 4 位，后面添 0；然后将各个部分换算成十进制数，结果即为所求。

◇ 例 1 11011011.01B→(　　)H

［解析］ 1101 1011. 0100
D B 4

［答案］ 11011011.01B→(DB.4)H

知识点 6 八进制转化为二进制。

◇ 运算法则：将八进制数每个数位上的数用 3 位二进制数表示，然后依次排列写下，即为所求结果。

◇ 例 1 34.5O→(　　)B

［解析］ 3 4. 5
011 100. 101

［答案］ 34.5O→(11100.101)B

知识点 7 十六进制转化为二进制。

◇ 运算法则：将八进制数每个数位上的数用 4 位二进制数表示，然后依次排列写下，即为所求结果。

◇ 例 1 3B.5H→(　　)B

［解析］ 3 B. 5
0011 1010. 0101

［答案］ 3B.5H→(111010.0101)B

知识点 8 常用进制数对应关系，如表 1-2 所示。

表 1-2 常用进制数对应表

十进制	二进制	八进制	十六进制	十进制	二进制	八进制	十六进制
0	0	0	0	8	1000	10	8
1	1	1	1	9	1001	11	9
2	10	2	2	10	1010	12	A
3	11	3	3	11	1011	13	B
4	100	4	4	12	1100	14	C
5	101	5	5	13	1101	15	D
6	110	6	6	14	1110	16	E
7	111	7	7	15	1111	17	F

❖ 例题解析

【单选题】

1. 十进制数 34 用二进制表示为(　　)。

A. 100010　　B. 100001　　C. 100100　　D. 100000

［答案］ A

［解析］ 运用十进制转化为二进制的运算法则，整数除 2 取余，方向向上。

2. 与八进制数 54 等值的十六进制数为（　　）。

A. 54　　B. 2C　　C. 212　　D. 2B

［答案］ B

［解析］ 此题解题的捷径是先将八进制数 54 转化为二进制数，然后再转化为十六进制数。

【判断题】

1. 十六进制数“E”对应的二进制数是 1110。（　　）

［答案］ √

［解析］ 十六进制数“E”即十进制数 14，对应的二进制数即 1110。

✲ 巩固练习

【单选题】

1. 下列各个数中数值最大的是（　　）。

A. 15　　B. 1110B　　C. 16O　　D. DH

2. 执行下列逻辑或运算 1100110 ∨ 1000111，正确的结果是（　　）。

A. 1100110　　B. 1100111　　C. 110110　　D. 1000111

3. 执行下列逻辑或运算 1100110 ∧ 1000111，正确的结果是（　　）。

A. 1100110　　B. 1100111　　C. 1000110　　D. 1000111

4. 十进制数 315 转化为十六进制数为（　　）。

A. 13F　　B. 131　　C. 13C　　D. 13B

【判断题】

1. 与八进制数 67 等值的十六进制数是 37。（　　）

【巩固练习答案】

［单选题］ 1. A　2. B　3. C　4. D

［判断题］ 1. √

1.3 计算机的信息表示及存储

1.3.1 计算机中数的表示

❃ 精讲点拨

知识点 1 计算机中数的表示是用二进制表示，其他进制都要转化成二进制。常见的数字编码为 8421BCD 码。

知识点 2 BCD 码是用 4 位二进制位来对一个十进制个位数字进行编码，如表 1-3 所示。

表1-3 十进制的二进制编码

十进制	8421BCD码	十进制	8421BCD码
0	0000	5	0101
1	0001	6	0110
2	0010	7	0111
3	0011	8	1000
4	0100	9	1001

1.3.2 英文字符

❀ 精讲点拨

知识点1 英文字母和字符在计算机中采用ASCII编码，即美国标准信息交换代码。

知识点2 ASCII码的含义：

◇ ASCII码用7位二进制编码，用8位二进制来表示，最高位为0。

◇ ASCII能够表示128(即2^7)个字符，包括数字0～9，大写字母A～Z，小写字母a～z。

❈ 例题解析

【单选题】

1. 在ASCII表中，已知大写字母B的ASCII码值是66，小写字母b的ASCII码值是(　　)。

A. 97　　B. 98　　C. 99　　D. 67

[答案] B

[解析] 在ASCII表中，相对应的小写字母比大写字母的ASCII码值大32(或20H)。

2. 已知三个字符为♯、B、8，按它们的ASCII码值升序排列，结果正确的是(　　)。

A. ♯、B、8　　B. ♯、8、B　　C. B、8、♯　　D. B、♯、8

[答案] B

[解析] 在ASCII表中，字符对应的码值排序是数字＜大写字母＜小写字母。

【判断题】

1. 基本ASCII码包括256个不同的字符。(　　)

[答案] ×

[解析] 基本ASCII码包括128个不同的字符。

✻ 巩固练习

【单选题】

1. 下列字符中，其ASCII码值最小的是(　　)。

A. 空格　　B. 0　　C. A　　D. a

2. 在微机中，英文字符所采用的编码是(　　)。

A. EBCDIC 码　　B. ASCII 码　　C. 原码　　D. 反码

3. 标准 ASCII 码用 7 位二进制位表示一个字符编码，其 ASCII 字符集共有(　　)个不同的字符。

A. 128　　B. 256　　C. 129　　D. 255

4. 已知大写字母“A”在 ASCII 表中的顺序值为 65，小写“c”在 ASCII 表中的顺序值为(　　)。

A. 97　　B. 98　　C. 99　　D. 100

【巩固练习答案】

[单选题]　1. A　2. B　3. A　4. C

1.3.3　汉字编码

❀ 精讲点拨

知识点 1　计算机可处理汉字及字符，有国标码、外码(汉字输入码)、机内码、输出码(字形码)之分。

知识点 2　国标码：

◇ 1980 年我国颁布的《信息交换用汉字编码字符集(基本集)》，代号为 GB 2312—80。

◇ 国标码收集 7445 个字符，包括 6763 个汉字和 682 个图形字符，其中一级汉字 3755 个，二级汉字 3008 个。

◇ 编码原则：汉字用两个字节表示，每个字节最高位为 0。

◇ 区位码：将汉字编码字符集的全部字符排列在一个 94 行 94 列的二维代码表中，每 2 个字节分别用十进制编码，第一字节编码称为区码，第二字节称为位码。

知识点 3　外码：

◇ 又称汉字输入码，即在输入汉字时进行的编码。

◇ 常见汉字输入码有智能 ABC、搜狗拼音、五笔字型等。

拼音码：全拼输入法、双拼输入法、搜狗拼音。

拼形码：五笔字型。

音形结合码：自然码、智能 ABC。

◇ 中文输入常见组合键：

Ctrl＋空格　中英文输入转换；

Ctrl＋Shift　各类输入法的转换；

Ctrl＋句号键　中文标点与英文标点之间的切换；

Shift＋空格　全角与半角之间的切换。

知识点 4　机内码：

◇ 又称内码，即汉字在计算机处理的代码形式；

◇ 国标码每个字节最高为 0，与 ASCII 码相同，无法区分，将国标码每个字节最高位置为 1，即为内码；

◇ 每个汉字的输入码有多种，但内码是唯一的。

知识点 5　输出码：

◇ 又称字形码、字模码；

◇ 它是将输出汉字时描述汉字字形的点阵数字化处理后的二进制编码；

◇ 在计算机中，用二进制表示点阵，1 表示点阵中的黑点，0 表示点阵中的白点，一个 16×16 点阵描述的汉字用 256 位二进制数表示汉字的字形轮廓；

◇ 所有字形码的集合就构成了汉字字符集，即字库，字形码所占内存比其机内码的大得多，例如：16×16 点阵汉字需要 16×16/8＝32（字节）。

知识点 6　汉字编码还未统一：

◇ 我国台湾、港澳地区多用 BIG5 码；

◇ 我国也制定了新的国家标准 GB 18030—2000《信息技术信息交换用汉字编码字符集基本集的扩充》（简称 CJK 字符集）；

◇《汉字内码扩展规范》收集了中国、日本、韩国三国汉字共 20902 个（简称 GBK 字符集）。

知识点 7　区位码（十进制）的 2 个字节分别转化为十六进制后加 20H 得到相应国标码；国标码的 2 个字节分别加 80H 得到相应机内码。

※ 例题解析

【单选题】

1. 一个汉字的国标码用 2 个字节表示，每个字节的最高位分别是（　　）。

A. 0，0　　B. 0，1　　C. 1，0　　D. 1，1

［答案］　A

［解析］　国标码用两个字节表示，每个字节的最高位为 0。

2. 存储一个汉字的机内码需要 2 个字节，每个字节的最高位分别是（　　）。

A. 0，0　　B. 0，1　　C. 1，0　　D. 1，1

［答案］　D

［解析］　机内码是将国标码的每个字节最高位置为 1。

3. 已知“中”字的拼音输入码是“zhong”，“国”字的拼音输入码是“guo”，则存储它们内码分别需要的字节数是（　　）。

A. 5，3　　B. 1，1　　C. 2，2　　D. 2，1

［答案］　C

［解析］　国标码用 2 个字节表示，机内码是将国标码的每个字节最高位置为 1。

4. 存储一个 24×24 点阵的汉字字形需要占用的字节数是（　　）。

A. 96　　B. 32　　C. 64　　D. 72

［答案］　D

［解析］　存储一个 32×32 点阵的汉字字形需要占用的字节数是 24×24/8＝72。

【判断题】

1. 每个汉字机内码至少占有 2 个字节，每个字节的最高位为 0。（　　）

［答案］　×

［解析］　每个汉字机内码至少占有 2 个字节，每个字节的最高位为 1。

2. 微机的汉字系统中，每个汉字机内码至少占有 2 个字节。（　　）

［答案］　√

［解析］　每个汉字机内码至少占有 2 个字节。

【填空题】

1. 在计算机汉字字形码 16×16 点阵中，一个汉字占用（　　）字节。

[答案]　32

[解析]　16×16/8=32。

✲ 巩固练习

【单选题】

1. 一个汉字的机内码需要用(　　)个字节的存储空间。

A. 4　　B. 8　　C. 2　　D. 1

2. 目前,我国的汉字信息系统采用与 ASCII 码相容的 8 位编码方案,用(　　)个 8 位码字符构成一个汉字内部码。

A. 1　　B. 2　　C. 4　　D. 8

3. 下列哪一种不是计算机中表示汉字的信息编码方式?(　　)

A. ASCII 编码　　B. Unicode 编码　　C. BIG5 编码　　D. GB2312 编码

4. 根据国标码 GB 2312—80 的规定,总计有一级汉字编码、二级汉字编码和各类符号(　　)个。

A. 7155　　B. 3755　　C. 7445　　D. 3008

5. 已知一个汉字的国标码是 5E38H,其内码是(　　)。

A. DEB8H　　B. 5EB8H　　C. DE38H　　D. 7E58H

【判断题】

1. 计算机内部处理汉字使用的是汉字的国标码。(　　)

2. 在 GB 2312—80 编码方案中,有汉字 7445 个,其中,一级汉字 3775 个,二级汉字 3008 个。(　　)

【填空题】

1. 在计算机中要存放 2000 个汉字,使用 24×24 点阵汉字字模,需要(　　)个字节。

2. 任意一个汉字的机内码和国标码之差是(　　)。

【巩固练习答案】

[单选题]　1. C　2. B　3. A　4. C　5. A

[判断题]　1. ×　2. √

[填空题]　1. 14400　2. 8080H

1.3.4　计算机中信息的存储单位

❈ 精讲点拨

在计算机中,信息的表示单位采用位、字节、字和字长等。

知识点 1　位(bit,b),二进制的一位,信息表示的最小单位。

知识点 2　字节(Byte,B):计算机的基本存储单位。

◇ 1 Byte=8 bit

知识点 3　计算机的信息存储单位常用的有 KB、MB、GB、TB。

◇ KB　　1 KB=1024 Byte=2^{10} Byte

◇ MB　　1 MB=1024 KB=2^{20} Byte

◇ GB　　1 GB＝1024 MB＝2^{30} Byte

◇ TB　　1 TB＝1024 GB＝2^{40} Byte

知识点 4　字(word)，计算机的 CPU 在运算时一次存取、处理或传输的数据称为一个字。一个字由一个或多个字节组成，用来存放一条指令或一个数据。

知识点 5　字长，计算机字的长度，即计算机的 CPU 在运算时一次处理的二进制位的位数。

◇ 字长是衡量计算机性能的重要指标。

◇ 计算机常见字长有 8 位、16 位、32 位、64 位，目前流行的是 64 位。

❈ 例题解析

【单选题】

1. 1 MB＝(　　) KB。

A. 1024　　B. 1000　　C. 1048　　D. 100

[答案]　A

[解析]　1 MB＝1024 KB。

【判断题】

1. 1 KB 等于 1024 字节。(　　)

[答案]　√

[解析]　1 KB＝2^{10} Byte ＝1024 Byte，Byte 即字节，KB 也称千字节。

2. 1 GB 就是 1000 MB。(　　)

[答案]　×

[解析]　1 GB＝1024 MB。

【填空题】

1. 在计算机内，(　　)是表示二进制的最小单位。

[答案]　位

[解析]　在计算机的信息表示中，位是最小的单位，字节是最基本的单位。

1.4　计算机系统的基本组成

1.4.1　计算机系统的概念及工作原理

❈ 精讲点拨

知识点 1　一个计算机系统由计算机硬件系统和软件系统组成。

知识点 2　计算机工作原理由美籍匈牙利数学家冯·诺依曼于 1945 年提出。

◇ 计算机内部以二进制形式处理、存储信息。

◇ 计算机工作原理是存储程序和控制程序。

◇ 计算机由控制器、运算器、存储器、输入设备、输出设备五大部件组成。

❖ 例题解析

【单选题】

1. 当前的计算机仍采用“存储程序”原理，该原理是由(　　)得出的。

A. 美国人比尔·盖茨　　B. 美籍匈牙利人冯·诺依曼

C. 美国人查尔斯·巴贝奇　　D. 美国人乔布斯

[答案]　B

[解析]　美籍匈牙利数学家冯·诺依曼提出了现代计算机的体系结构和工作原理，其工作原理主要是存储、控制程序理论。

【判断题】

1. 计算机与其他计算机工具的本质区别是它能够存储和控制程序。(　　)

[答案]　√

[解析]　这由计算机工作原理决定。

2. 冯·诺依曼体系结构的计算机是以存储、控制程序原理进行工作的。(　　)

[答案]　√

[解析]　冯·诺依曼体系结构的计算机工作原理是存储、控制程序。

【填空题】

1. 一个完整的计算机系统由(　　)系统和软件系统组成。

[答案]　硬件

[解析]　计算机系统由硬件系统和软件系统组成。

✲ 巩固练习

【单选题】

1. 世界上最先实现存储程序的计算机是(　　)。

A. EDSAC　　B. ENIAC　　C. EDVAC　　D. UNIVAC

2. “存储程序”理论的核心概念是(　　)。

A. 事先编好程序　　B. 把程序存储在计算机内存中

C. 事后编好程序　　D. 将程序从存储位置自动取出并逐条执行

【巩固练习答案】

[单选题]　1. A　2. D

1.4.2　硬件系统

1.4.2.1　硬件系统组成

❀ 精讲点拨

知识点 1　冯·诺依曼体系结构原理规定计算机硬件系统由控制器、运算器、存储器、输入设备、输出设备五大部件组成。

知识点 2　微机硬件系统由主机和外部设备组成。

❖ 例题解析

【单选题】

1. 计算机硬件系统由五大部分组成，它们是(　　)。

A. EDSAC　　B. ENIAC　　C. EDVAC　　D. UNIVAC

[答案] C

[解析] 计算机硬件系统由控制器、运算器、存储器、输入设备、输出设备五大部分组成。

【填空题】

1. 微机的硬件系统由(　　)和外部设备组成。

[答案] 主机

[解析] 微机硬件系统由主机和外设组成。

1.4.2.2 中央处理器(CPU)

❈ 精讲点拨

知识点1 中央处理器的英文缩写为CPU，微机的CPU又称为芯片。

知识点2 CPU由控制器和运算器构成。

知识点3 控制器是计算机的指挥中心：

◇ 由指令寄存器、程序计数器、指令译码器、时序部件和控制电路组成；

◇ 功能是向其他设备发出控制信号，控制计算机各个硬件统一、协调工作。

知识点4 运算器：

◇ 由算术逻辑单元和寄存器构成；

◇ 功能是进行算术运算和逻辑运算。

知识点5 微机CPU性能指标：

◇ 时钟频率，又称主频，CPU单位时间内的平均执行次数，以MHz、GHz为单位，如133MHz、2.4GHz等；计算机时钟频率越高，运算速度就越快；主频＝外频×倍频。

◇ 运算速度是指计算机在单位时间内执行指令的条数，单位是MIPS，即每秒执行指令多少百万条。

◇ 总线宽度有32位和64位。

知识点6 微机CPU有两种品牌，由美国INTEL和AMD公司制造。

◇ INTEL：型号有赛扬(Celeron)、奔腾(Pentium)、酷睿(Core)等系列。

◇ AMD：型号有速龙、闪龙等系列。

❖ 例题解析

【单选题】

1. 在微机的配置中，常看到“P4 2.8G”字样，其中的“2.8G”表示(　　)。

A. 处理器的运算速度是2.8G MIPS　　B. CPU和内存的数据交换速率

C. 处理器的时钟频率是2.8 GHz　　D. 处理器的产品设计系列号是2.8

[答案] C

[解析] CPU的时钟频率单位是Hz。

2. 用 MIPS 为单位来衡量计算机的性能，它指的是计算机的（　　）。

A. 传输速度　　B. 运算速度

C. 字长　　D. 存储容量

[答案]　B

[解析]　MIPS 是表示计算机运算速度的单位，意思是指每秒计算百万条指令。

3. 通常称 INTEL Core 计算机，它们是针对该机的（　　）而言。

A. 传输速度　　B. 总线标准　　C. 型号　　D. 内存容量

[答案]　C

[解析]　INTEL 公司的 CPU 型号有赛扬（Celeron）、奔腾（Pentium）、酷睿（Core）等系列。

【判断题】

1. 计算机的运算器最主要的功能是实现算术运算和逻辑运算。（　　）

[答案]　√

[解析]　计算机的运算器有多项功能，最主要的功能是实现算术运算和逻辑运算。

2. 主频是指计算机 CPU 运行的时钟频率，它决定计算机的运行速度。（　　）

[答案]　√

[解析]　时钟频率是衡量计算机性能的重要指标。

【填空题】

1. 计算机 CPU 的中文名称是（　　）。

[答案]　中央处理器

[解析]　计算机的中央处理器简称为 CPU，又称计算机芯片。

✲ 巩固练习

【单选题】

1. MIPS 的含义是（　　）。

A. 每秒计算万条指令　　B. 每秒计算万个数据

C. 每秒计算百万条指令　　D. 每秒计算十万条程序

2. 用 GHz 来衡量计算机的性能，它指的是（　　）。

A. 存储器容量　　B. CPU 的时钟频率　　C. 字长　　D. 运算速度

3. 决定微处理器性能优劣的重要指标是（　　）。

A. 内存的大小　　B. 型号　　C. 主频　　D. 容量

4. 指出 CPU 下一次要执行的指令地址的部件是（　　）。

A. 程序计数器　　B. 指令寄存器　　C. 数据寄存器　　D. 缓存

5. CPU 中控制器的功能是（　　）。

A. 逻辑运算　　B. 算术运算

C. 只控制 CPU 的工作　　D. 分析指令并发出相应的控制信号

【判断题】

1. 计算机的主频越高，运行速度也相应越快。（　　）

【填空题】

1. 计算机的 CPU 包括控制器和（　　）两部分。

2. 计算机的运算器主要能够进行算术运算和(　　)运算。

【巩固练习答案】

[单选题] 1. C 2. B 3. C 4. B 5. D

[判断题] 1. √

[填空题] 1. 运算器 2. 逻辑

1.4.2.3 存储器

❀ 精讲点拨

知识点1 存储器是计算机存储数据的设备,根据存储器与CPU的关系,可分为内存和外存。

1.4.2.3.1 内存储器

❀ 精讲点拨

知识点1 内存,全称为内部存储器,又称主存。

知识点2 内存的特点:CPU直接访问,存储速度快,任何外存的数据都要先调入内存才能进入CPU。

知识点3 内存的分类:只读存储器(ROM)、随机存储器(RAM)、Cache,如表1-4所示。

表1-4 内存分类表

项　目	ROM	RAM	Cache
中文名	只读存储器	读写存储器	高速缓存器
特点	只能读不能写	可读可写	属于RAM
	断电后信息不丢失	断电后信息丢失	断电后信息丢失
功能	用于固化一些重要的系统程序	是用户程序的工作区	用于协调CPU与RAM的速度匹配问题

知识点4 微机内存的指标有品牌、容量、类型等。

1.4.2.3.2 外存储器

❀ 精讲点拨

知识点1 外存,全称外部存储器,或称辅助存储器。

◇ 能够暂时或长期保存数据;

◇ 常见外存有硬盘、U盘、光盘等;

◇ 外存的数据首先调入内存,然后再进入CPU运算。

知识点2 名词概念:

◇ 磁道:磁盘每面有若干个同心圆,每一个同心圆称为一个磁道。

◇ 扇区:每个磁道由若干个区域组成,每个区域称为扇区,扇区的大小为512字节,读写磁盘以扇区为单位。

◇ 存储容量:常见单位为MB、GB、TB。

知识点3 硬盘:

◇ 特点为存储容量大,速度快。

◇ 接口类型有 IDE、SCSI、SATA、USB。

◇ 存储容量＝磁头数×柱面数×扇区数×512。

◇ 硬盘使用前需要进行格式化。

◇ 主要性能指标：容量、转速、缓存、传输速率、平均寻道时间。

知识点 4 USB，通用串行总线。

知识点 5 光盘：

◇ 只读光盘：CD-ROM、DVD-ROM。

◇ 一次性写入光盘：CD-R。

◇ 读写光盘：CD-RW、DVD-RW。

◇ 容量：CD-ROM 一般为 650MB，DVD-ROM 单面单层为 4.7GB，单面双层为 7.5GB。

知识点 6 闪存：

◇ 种类有 U 盘、CF 卡、SD 卡。

◇ U 盘也称为优盘。

❖ 例题解析

【单选题】

1. 配置高速缓存器（Cache）是为了解决（　　）。

A. CPU 与内存之间速度不匹配问题　　B. 主机与外部设备之间速度不匹配问题

C. CPU 与外存之间速度不匹配问题　　D. 内存与外部设备之间速度不匹配问题

［答案］ A

［解析］ Cache 是属于 RAM 的一部分，它的功能是解决 CPU 和内存的速度不匹配。

2. 如果要运行一个硬盘上存储的程序，必须将这个程序装入（　　）中。

A. RAM　　B. ROM　　C. 硬盘　　D. U 盘

［答案］ A

［解析］ 任何程序或数据要运行，首先要调入内存，而用户能够使用的内存只能是 RAM。

3. 操作系统是以（　　）为单位对磁盘进行读写操作。

A. 磁道　　B. 字节　　C. MB　　D. 扇区

［答案］ D

［解析］ 读写磁盘是以扇区为单位进行。

4. 在微机系统中，对输入/输出设备进行管理的基本系统是存放在（　　）中。

A. RAM　　B. ROM　　C. 硬盘　　D. 高速缓存

［答案］ B

［解析］ 输入/输出设备的管理信息是存放在 ROM 中，ROM 只读不写。

5. SRAM 是（　　）。

A. 静态随机存储器　B. 静态只读存储器　C. 动态随机存储器　D. 动态随机只读存储器

［答案］ A

［解析］ RAM 可分为 SRAM（静态随机存储器）和 DRAM（动态随机存储器）。

【判断题】

1. 任何新硬盘必须格式化后才能使用。（　　）

［答案］ √

［解析］ 新硬盘在使用前要格式化。

2. 任何程序不需要进入内存，直接在硬盘或光盘上就可以运行。（　　）

［答案］ ×

［解析］ 硬盘或光盘的程序首先必须调入内存才能运行。

【填空题】

1. 计算机的内存分为 ROM 和（　　）。

［答案］ RAM

［解析］ 计算机的内存分为 ROM 和 RAM。

2. 按存储器是否直接与 CPU 交换信息，可分为（　　）和外存。

［答案］ 内存

［解析］ 略。

✻ 巩固练习

【单选题】

1. 在计算机中，CD-ROM 被称为（　　）。

A. 只读软盘　　B. 只读光盘　　C. 只读硬盘　　D. 只读存储器

2. 下述存储媒体中，读写速度最快的是（　　）。

A. 光盘　　B. 硬盘　　C. U 盘　　D. 软盘

3. 下述存储部件中，CPU 可以直接读写的是（　　）。

A. 光盘　　B. 硬盘　　C. U 盘　　D. 内存

4. 既能读又能写，且存取速度快的存储器是（　　）。

A. RAM　　B. DRAM　　C. ROM　　D. SRAM

5. 在微机内存中，不能用指令修改其存储内容的是（　　）。

A. RAM　　B. DRAM　　C. ROM　　D. SRAM

6. 微机存储系统中，PROM（　　）。

A. 可读写存储器　　B. 动态随机存取存储器

C. 只读存储器　　D. 可编程只读存储器

【判断题】

1. 计算机内存比外存的读写数据速度快。（　　）

2. ROM 里的存储信息用户可随时修改。（　　）

3. 把 U 盘置为写保护状态后不能向 U 盘内写入数据。（　　）

【填空题】

1. 计算机的 CPU 包括控制器和（　　）两部分。

2. 计算机的运算器主要能够进行算术运算和（　　）运算。

【巩固练习答案】

［单选题］ 1. B　2. B　3. D　4. B　5. C　6. D

［判断题］ 1. √　2. ×　3. √

［填空题］ 1. 运算器　2. 逻辑

1.4.2.4 总线

※ 精讲点拨

知识点 1 概念：

◇ 总线是一组公共信号线，是计算机各个设备之间传输数据、地址、指令的公共通道，简称 BUS，计算机各个硬件是通过总线连接的。

◇ 微机总线分为内部总线（芯片总线）、系统总线（板总线）和外部总线（通信总线）。

◇ 内部总线：微处理器（CPU）和微机内部芯片之间的总线，属于芯片级。

◇ 系统总线：微机主板与各插件卡之间的总线，如网卡、声卡等。

◇ 外部总线：微机和外设之间的总线，如 USB。

◇ 总线的位数宽度决定 CPU 内部或 CPU 与其他设备之间的数据传输能力。

◇ 常见总线位数：8 位、16 位、32 位、64 位。

知识点 2 系统总线按功能分类：

◇ 数据总线（Data Bus，DB）：传输数据。

◇ 地址总线（Address Bus，AB）：CPU 通过 AB 对内存或外设进行寻址。

◇ 控制总线（Control Bus，CB）：传输控制信号或指令。

知识点 3 系统总线按宽度及性能分类：

◇ ISA 总线、MCA 总线、EISA 总线、PCI 总线、AGP 总线。

知识点 4 外部总线，USB：

◇ 概念：通用串行总线，Universal Serial Bus。

◇ 功能：USB 接口是为解决主机与外设的通用连接，使用所有低速外设可以统一连接到 USB 接口。

◇ 特点：即插即用，支持热插拔。

◇ 版本：USB1.0，USB2.0，USB3.0，版本越高，传输速率越大。

※ 例题解析

【单选题】

1. 在微机中，CPU 是通过（ ）与内存交换数据的。

A. 地址总线　　B. 控制总线　　C. 数据总线　　D. 信号线

[答案] C

[解析] 数据总线的功能是传输数据。

2. 在微机中，输入/输出设备必须通过 I/O 接口电路才能和（ ）相连接。

A. 地址总线　　B. 控制总线　　C. 数据总线　　D. 系统总线

[答案] D

[解析] 系统总线由地址总线、控制总线和数据总线组成。

3. 下面关于 USB 的叙述中，错误的是（ ）。

A. USB 的中文名称是“通用”地址总线

B. USB 的特点是热插拔和即插即用

C. USB3.0 的数据传输速率远大于 USB2.0

D. USB 接口连接的外设必须要有另外的独立电源供电

［答案］ D

［解析］ USB 接口连接的外部设备不一定需要另外的独立电源供电。

【判断题】

1. 计算机的系统总线包括数据总线、控制总线和地址总线。（　）

［答案］ √

［解析］ 数据总线、控制总线和地址总线统称为计算机的系统总线。

✻ 巩固练习

【单选题】

1. 将微机的主机与外部设备相连的是（　　）。

A. 总线　　B. 磁盘驱动器　　C. 内存　　D. 输入/输出接口电路

2. 下列不属于计算机总线的是（　　）。

A. 地址总线　　B. 控制总线　　C. 通读总线　　D. 数据总线

【巩固练习答案】

［单选题］ 1. A　2. C

1.4.2.5　输入设备

✻ 精讲点拨

知识点 1　概念：

◇ 将程序、数据、操作指令等信息输入计算机，并转换成计算机能识别的二进制信息，存储在计算机内等待处理。

知识点 2　常见微机输入设备有键盘、鼠标、扫描仪、数码相机、摄像头、麦克风、光笔等。

知识点 3　键盘（常用键的功能）：

◇ Esc：强行退出。

◇ Tab：制表符。

◇ Caps Lock：大写字母锁定。

◇ Shift：上档键或换档键。

◇ Ctrl、Alt：功能键，只能和其他键配合使用。

◇ Space：空格键。

◇ Enter：回车键，表示一行输入结束或执行指令。

◇ Backspace：退格键，删除光标左边的一个字符。

◇ Insert：插入键，在光标位置插入一个字符。

◇ Delete：删除键，删除光标右边的一个字符。

◇ Home：编辑状态中将插入点确定到行首。

◇ End：编辑状态中将插入点确定到行首。

◇ Page Up：向前翻页。

◇ Page Down：向后翻页。

◇ Num Lock：小键盘区的字母锁定键。

知识点4 鼠标：

◇ 按工作原理分类：机械式鼠标、光电式鼠标。

◇ 按连接方式分类：有线鼠标、无线鼠标。

知识点5 扫描仪：

◇ 一种用来输入图形、图像、文字等资料的输入设备。

❈ 例题解析

【单选题】

1. 可以将图片输入到计算机中的设备是（　　）。

A. 键盘　　B. 鼠标　　C. 扫描仪　　D. 麦克风

［答案］ C

［解析］ 扫描仪能够将图片通过扫描转换成计算机能识别的形式。

2. 在微机中，麦克风属于（　　）。

A. 输入设备　　B. 输出设备　　C. 显示设备　　D. 驱动设备

［答案］ A

［解析］ 麦克风是常见的输入设备。

【判断题】

1. 键盘上的Ctrl键和Alt键不具有独立的功能，必须和其他键结合使用。（　　）

［答案］ √

［解析］ 略。

2. 键盘是微机中最重要的输出设备。（　　）

［答案］ ×

［解析］ 键盘是输入设备。

✲ 巩固练习

【单选题】

1. 在计算机上使用的汉王笔是一种（　　）。

A. 输入设备　　B. 输出设备　　C. 显示设备　　D. 只读存储器

2. 可将各种数据转换为计算机能处理的形式并输送到计算机中的设备统称为（　　）。

A. 输入设备　　B. 输出设备

C. 输入/输出设备　　D. 存储设备

3. 微机系统主要通过（　　）与外部交换信息。

A. 键盘　　B. 鼠标　　C. 显示器　　D. 输入/输出设备

4. 下列四种设备中，属于计算机输入设备的是（　　）。

A. 显示器　　B. 打印机　　C. 绘图仪　　D. 鼠标

5. 微型计算机键盘上的Shift键称为（　　）。

A. 回车换行键　　B. 退格键　　C. 换档键　　D. 空格键

【巩固练习答案】

［单选题］ 1. A　2. A　3. D　4. D　5. C

1.4.2.6　输出设备

❊ 精讲点拨

知识点 1　概念:将计算机的处理结果转换成人能识别的形式并展现出来。

知识点 2　常见的输出设备有显示器、打印机、音箱等。

知识点 3　显示器:

◇ 分类:阴极射线管(CRT)、液晶显示器(LCD)。

◇ 性能指标:

①分辨率:屏幕支持的最多发光点数的标识,一个发光点称为一个像素。分辨率越高,显示图像越清晰。表示方法有 1024×768、800×600 等。

②刷新频率:在 CRT 显示器上,图像在屏幕上更新的速度,单位是 Hz。

知识点 4　打印机(常见打印机):

◇ 针式打印机:分辨率低、速度慢、质量差,主要用于文字打印。

◇ 喷墨打印机:分辨率较高、速度快、价格便宜,能用于文字和图形打印。

◇ 激光打印机:分辨率高、速度快、质量高、价格贵,用于文字和图形打印。

❊ 例题解析

【单选题】

1. 在微机系统中,(　　)不是常用的输出设备。

A. 打印机　　B. 鼠标　　C. 显示器　　D. 音箱

[答案]　B

[解析]　打印机、显示器、音箱是常见的输出设备,鼠标是常见的输入设备。

2. 下列设备中既能用作输入设备,又能用作输出设备的是(　　)。

A. 扫描仪　　B. 光笔　　C. 磁盘驱动器　　D. 鼠标

[答案]　C

[解析]　既能将计算机处理的信息通过磁盘驱动器存入磁盘(输出),又能通过磁盘驱动器从磁盘调用数据(输入)。

【判断题】

1. 目前打印质量最好、分辨率最高的是针式打印机。(　　)

[答案]　×

[解析]　目前打印质量最好、分辨率最高的是激光打印机。

2. 屏幕分辨率是显示器的性能指标之一,其单位为像素。(　　)

[答案]　√

[解析]　屏幕分辨率的表示形式有 1024×768,单位是像素。

❊ 巩固练习

【单选题】

1. 下面关于显示器的叙述,正确的是(　　)。

A. 显示器是输入设备　　B. 显示器是输出设备

C. 显示器是输入/输出设备　　D. 显示器是存储设备

2. 下列设备中,(　　)是输出设备。

A. 键盘　　B. 鼠标　　C. 光笔　　D. 绘图仪

3. 打印机一般有两组引线,它们是(　　)。

A. 控制线与电源线　B. 信号线与地址线　C. 控制线与地址线　D. 信号线与电源线

4. 显示器分辨率一般表示为(　　)。

A. 能显示的信息量　　B. 能显示多少个字符

C. 能显示的颜色数　　D. 横向点乘以纵向点

【巩固练习答案】

[单选题]　1. B　2. D　3. D　4. D

1.4.2.7　微机的主要性能指标

❈ 精讲点拨

知识点 1　评价计算机系统性能主要考虑综合性能,主要的性能指标有主频(时钟频率)、字长、运算速度、内存容量、硬盘容量、可靠性、外设配置。

知识点 2　字长:字长越长,运算精度越高,运算速度越快。

知识点 3　主频:主频越高,运算速度越快。

知识点 4　存储容量:反映计算机存储信息的能力,特别是内存容量,直接关系计算机的运算速度,容量越大,速度相对越快。

知识点 5　可靠性:计算机的可靠性用 MTBF(平均无故障工作时间)来表示,故障主要是指硬件的故障。

❖ 例题解析

【单选题】

1. 下列各项中哪一项不是描述计算机性能的指标?(　　)

A. 字长　　B. 显示器的种类　　C. 时钟频率　　D. MTBF

[答案]　B

[解析]　计算机主要的性能指标有主频(时钟频率)、字长、运算速度、内存容量、硬盘容量、可靠性、外设配置。

2. 计算机的可靠性是用(　　)来描述的。

A. MBTF　　B. 运算速度　　C. 时钟频率　　D. MTBF

[答案]　D

[解析]　计算机的可靠性用 MTBF(平均无故障工作时间)来表示。

【判断题】

1. 描述一个计算机系统的性能主要考虑内存容量、字长、MTBF、主频等。(　　)

[答案]　√

[解析]　略。

2. 字长是计算机一次能处理的二进制位数。(　　)

[答案]　√

［解析］　略。

3. 计算机内存容量与计算机的性能无关，所以购买计算机时内存可以随意配置。（　　）

［答案］　×

［解析］　内存容量是计算机性能的主要指标之一。

1.4.3　软件系统

1.4.3.1　软件的概念及分类

❀ 精讲点拨

知识点 1　软件是指控制、管理、运行计算机的程序、数据和文档的总称。

知识点 2　计算机软件系统由系统软件和应用软件构成。

❀ 例题解析

【单选题】

1. 软件是（　　）、数据和文档的总称。

A. 指令　　B. 程序　　C. 语言　　D. 二进制

［答案］　B

［解析］　软件是程序、数据和文档的总称。

【判断题】

1. 计算机软件系统由操作系统和应用软件构成。（　　）

［答案］　×

［解析］　计算机软件系统由系统软件和应用软件构成，操作系统是系统软件的一类。

1.4.3.2　系统软件

❀ 精讲点拨

知识点 1　概念：控制、管理、分配计算机硬件和软件资源的软件称为系统软件。

知识点 2　系统软件由操作系统（OS）、程序设计语言、数据管理系统和服务程序组成。

1.4.3.3　操作系统

❀ 精讲点拨

知识点 1　概念：操作系统简称为 OS，控制和管理计算机硬件和软件资源，合理安排计算机工作流程的系统软件称为操作系统。操作系统是用户和计算机的接口。

知识点 2　分类：

◇ 单用户操作系统包括单用户单任务（DOS）系统和单用户多任务（Windows）系统；

◇ 批处理操作系统；

◇ 分时操作系统；

◇ 网络操作系统；

◇ 分布式操作系统。

知识点 3 功能：

◇ 处理器管理；

◇ 存储管理；

◇ 文件管理；

◇ 设备管理；

◇ 作业管理。

知识点 4 常见操作系统：DOS、Windows XP、Windows 7、Unix、Linux。

❈ 例题解析

【单选题】

1. 操作系统是一种(　　)。

A. 应用软件　　B. 系统软件　　C. 工具软件　　D. 程序设计语言

[答案] B

[解析] 系统软件包括操作系统、程序设计语言、数据库管理系统。

2. 操作系统提供了(　　)的接口。

A. 主机和外部设备　　B. 计算机和用户

C. 硬盘和内存　　D. 高级语言和汇编语言

[答案] B

[解析] 略。

3. 操作系统的功能包括(　　)。

A. CPU 管理、存储管理、文件管理、设备管理、作业管理

B. 控制器管理、存储管理、文件管理、设备管理、作业管理

C. 运算器管理、存储管理、文件管理、设备管理、作业管理

D. UPS 管理、存储管理、文件管理、设备管理、作业管理

[答案] A

[解析] 操作系统的功能包括处理器管理、存储管理、文件管理、设备管理和作业管理。CPU 即微机的处理器。

【判断题】

1. 在系统软件中，操作系统是核心。(　　)

[答案] √

[解析] 略。

2. 系统软件包括操作系统、程序设计语言、杀毒软件等。(　　)

[答案] ×

[解析] 杀毒软件是应用软件，不是系统软件。

【填空题】

1. 多个用户共享 CPU 的操作系统是(　　)操作系统。

[答案] 多用户

[解析] 略。

✲ 巩固练习

【单选题】

1. 在操作系统中,存储管理主要是对(　　)的管理。

A. 内存　　B. 外存

C. U 盘　　D. 内存和外存的统一

2. 在计算机的操作系统中,分时系统是一种(　　)。

A. 单用户批处理操作系统　　B. 多用户批处理操作系统

C. 单用户交互式操作系统　　D. 多用户交互式操作系统

3. 按操作系统分类,Unix 属于(　　)操作系统。

A. 实时　　B. 网络　　C. 批处理　　D. 分时

4. 下列软件中,(　　)属于操作系统。

A. Windows 7　　B. 360 安全卫士

C. 学生管理系统　　D. C 语言

【判断题】

1. 想要启动计算机系统,系统中必须安装操作系统。(　　)

2. Windows 7 是单用户多任务操作系统。(　　)

【巩固练习答案】

[单选题]　1. A　2. D　3. D　4. A

[判断题]　1. √　2. √

1.4.3.4　程序设计语言

✲ 精讲点拨

知识点 1　指令:

◇ 概念:规定计算机执行的基本操作,一条指令完成一个操作,用二进制表示。

◇ 构成:指令由操作码+操作数组成,操作码即"做什么",操作数即"怎么做"。

◇ 指令系统:计算机能识别的全部指令的集合。

知识点 2　程序:指令的有序集合。

知识点 3　程序设计:用计算机的指令或语句编写成可执行的程序的过程。

知识点 4　程序设计语言的分类:机器语言、汇编语言、高级语言。

知识点 5　机器语言:

◇ 概念:以二进制代码形式表示计算机指令的程序设计语言。

◇ 特点:计算机直接识别的语言(面向机器的语言),运算速度快,但阅读困难。

知识点 6　汇编语言:

◇ 概念:一种符号化语言,用助记符号代替机器语言中的操作码,用地址符号代替机器语言中的地址码。

◇ 特点:汇编语言也是面向机器的语言,但汇编语言程序需要汇编程序编译才能执行。

知识点 7　高级语言:

◇ 概念:运用自然语言和数学运算式编写程序,称为第三代语言,是过程化设计语言。

◇ 特点:直观、易阅读,编辑容易,但不能直接执行。

◇ 处理方式:高级程序设计语言编写的源程序要先转化为机器语言才能执行。

◇ 源程序:高级程序设计语言编写的程序。

◇ 目标程序:源程序转化后的程序。

◇ 编译程序:将源程序转化成目标程序的过程,有两种方式,即解释方式和编译方式。

解释方式是计算机直接将源程序读入内存,翻译一条语句,执行一条语句。特点为执行速度慢,但程序单步执行易于调试。如BASIC语言、FOXBASE数据库管理系统。

编译方式是将源程序一次性整体翻译成机器语言表示的目标程序,然后再执行目标程序。特点为执行速度快,但调试困难。如C语言、PASCAL语言。

知识点8 第四代语言(4GL):

◇ 概念:非过程化语言,相对于机器语言(第一代)、汇编语言(第二代)、高级语言(第三代)而言。

◇ 特点:用户界面友好、可视化编程、面向对象程序设计思想和方法,如JAVA语言、VB语言、VC语言。

❖ 例题解析

【单选题】

1. 在计算机中完成一步基本运算或判断操作时,CPU相应地执行一个( )。

A. 程序　　B. 指令　　C. 语句　　D. 软件

[答案] B

[解析] 此即指令的概念。

2. 一条计算机指令中规定其执行功能的部分称为( )。

A. 源地址码　　B. 目标地址码　　C. 数据码　　D. 操作码

[答案] D

[解析] 指令由操作码和操作数组成,操作码即是指"做什么",操作数即是指"怎么做"。

3. 一台计算机有多种多样的指令,这些指令的集合就是( )。

A. 指令群　　B. 指令集合　　C. 指令包　　D. 指令系统

[答案] D

[解析] 略。

4. 用高级语言编写的程序称为( )。

A. 应用程序　　B. 编译程序　　C. 用户程序　　D. 源程序

[答案] D

[解析] 源程序的概念。

5. 将高级程序设计语言编写的源程序一边翻译一边执行的程序执行方式称为( )。

A. 编译方式　　B. 改写方式　　C. 编辑方式　　D. 解释方式

[答案] D

[解析] 源程序转化的方式有两种,即解释方式和编译方式。编译方式是将源程序翻译成目标程序再执行,解释方式是边翻译一句源程序边执行。

6. 将高级程序设计语言编写的源程序转化成可执行程序,要经过的过程是( )。

A. 编译和连接　　B. 汇编和解释　　C. 编辑和连接　　D. 解释和编译

［答案］ A

［解析］ 源程序先通过编译程序编译成目标程序，再连接库函数，转化成可执行程序。

【判断题】

1.编译方式是指翻译一句执行一句。（　　）

［答案］ ×

［解析］ 解释方式是翻译一句执行一句，编译方式是将源程序全部翻译成目标程序再执行。

2.高级语言是独立于机器的程序设计语言。（　　）

［答案］ √

［解析］ 低级语言（机器语言、汇编语言）是面向机器的程序设计语言。

3.机器语言是使用计算机的二进制指令代码编写程序的设计语言。（　　）

［答案］ √

［解析］ 略。

4.VB是一种独立于计算机的程序设计语言。（　　）

［答案］ √

［解析］ VB就是一种高级程序设计语言，高级语言独立于计算机。

5.计算机编程所用的高级语言是人类自然语言。（　　）

［答案］ ×

［解析］ 高级语言采用近似于自然语言（英语）和数学运算式进行编程。

【填空题】

1.计算机能够直接识别的语言是（　　）。

［答案］ 机器语言

［解析］ 机器语言在计算机中能够直接识别。

2.计算机能够直接执行的程序是机器语言编写的，在机器内部是以（　　）编码形式表示。

［答案］ 二进制

［解析］ 略。

3.计算机的指令由（　　）和操作数组成。

［答案］ 操作码

［解析］ 指令由操作码和操作数组成，操作码规定“做什么”，操作数规定“怎么做”。

4.程序的执行分为解释方式和编译方式，其中（　　）方式每次执行时都需要源程序。

［答案］ 解释

［解析］ 解释方式是翻译一句执行一句。

5.按一定顺序排列并使计算机能自动执行某项任务的指令集称为（　　）。

［答案］ 程序

［解析］ 这是程序的概念。

✲ 巩固练习

【单选题】

1.下面属于高级语言的是（　　）。

A.机器语言　　B.汇编语言　　C.VB　　D.中文

2. 汇编语言是一种(　　)程序设计语言。

A. 依赖于计算机的低级　　B. 计算机直接执行的

C. 独立于计算机的　　D. 面向对象的

3. 编译程序的最终目标是(　　)。

A. 改正源程序的语法错误　　B. 发现源程序的语法错误

C. 将源程序翻译成另一种高级语言　　D. 将源程序编译成目标程序

4. 用高级程序设计语言编写的程序称为源程序,它(　　)。

A. 不可读　　B. 具有可读性和可移植性

C. 无需编译或解释,直接执行　　D. 只能在专门的机器上运行

5. 计算机能直接识别的程序是(　　)。

A. 源程序　　B. 汇编语言程序　　C. 低级语言程序　　D. 机器语言程序

6. 在同等情况下,计算机执行(　　)速度最快。

A. 高级语言源程序　　B. 汇编语言程序

C. 高级语言程序　　D. 机器语言程序

【巩固练习答案】

[单选题]　1. C　2. A　3. D　4. B　5. D　6. D

1.4.3.5　数据库管理系统

❀ 精讲点拨

知识点 1　数据:Data,计算机能处理的一切信息。

知识点 2　数据库:DataBase,简称 DB,是按一定方式和规则组织的数据的集合。

知识点 3　数据库管理系统:Database Management System,简称 DBMS,管理数据库和数据,是数据库系统的核心,包括:

◇ 数据库的定义;

◇ 数据库的建立;

◇ 数据操纵;

◇ 数据库的维护。

知识点 4　数据库管理员:DataBase Administrator,简称 DBA。

知识点 5　数据库管系统:DataBase System,简称 DBS,包括:

◇ 数据库(数据);

◇ 数据库管理系统(软件);

◇ 数据库管理员(人员);

◇ 硬件平台为计算机和网络;

◇ 软件平台为操作系统、数据库系统开发工具、接口软件。

1.4.3.6　应用软件

❀ 精讲点拨

知识点 1　为完成某个具体问题而编写的程序称为应用软件。

知识点 2　举例:

◇ 杀毒软件，如金山毒霸、360 杀毒软件、江民杀毒软件、瑞星杀毒软件；
◇ 办公软件，如 Office 2010；
◇ 图形处理软件，如 Photoshop；
◇ 即时通信软件，如 QQ；
◇ 游戏软件，如传奇、CS。

❖ 例题解析

【单选题】

1. 下列哪个软件不是应用软件？（　　）

A. Windows 7　　B. Word 2010　　C. Excel 2010　　D. PowerPoint 2010

[答案]　A

[解析]　Windows 7 是操作系统，属于系统软件。

【判断题】

1. 应用软件是为了完成具体问题而编写的程序。（　　）

[答案]　√

[解析]　略。

2. Office 2010 是微软公司开发的办公自动化软件，属于系统软件。（　　）

[答案]　×

[解析]　Office 2010 属于应用软件。

1.5 习题集锦

【单选题】

1. 美国计算机协会设的（　　）奖，每年授予在计算机科学领域作出特殊贡献的人。

A. 诺贝尔　　B. 布尔　　C. 图灵　　D. 菲尔兹

2. 鼠标是一种（　　）。

A. 输出设备　　B. 存储器　　C. 运算控制单元　　D. 输入设备

3. 世界上大多数计算机，就其工作原理而论，一般认为都基于美籍匈牙利数学家冯·诺依曼提出的（　　）原理。

A. 二进制数　　B. 布尔代数　　C. 程序设计　　D. 存储程序工作

4. 在表示存储器容量时，K 的准确含义是（　　）个字节。

A. 1000M　　B. 1024M　　C. 1000　　D. 1024

5. 计算机内部数据是以（　　）形式表示的。

A. 二进制　　B. 八进制　　C. 十六进制　　D. 十进制

6. 运算器的主要功能是（　　）。

A. 算术运算　　B. 逻辑运算　　C. 算术、逻辑运算　　D. 函数运算

7. 下列一组数中，最小的数是（　　）。

A. $(2B)_{16}$　　B. $(44)_{10}$　　C. $(52)_{8}$　　D. $(101001)_{2}$

8. 十进制整数转化为二进制整数的方法是（　　）。

A. 乘 2 取整法　　B. 除 2 取整法　　C. 乘 2 取余法　　D. 除 2 取余法

9. 微型计算机系统采用总线结构对 CPU、存储器和外部设备进行连接。总线通常由三部分组成，它们是(　　)。

A. 数据总线、地址总线和控制总线　　B. 数据总线、信息总线和传输总线
C. 地址总线、运算总线和逻辑总线　　D. 逻辑总线、传输总线和通信总线

10. 在计算机中，字节的英文名是(　　)。

A. Bit　　B. Byte　　C. Bout　　D. Baud

11. 在微型计算机中，硬盘驱动器属(　　)。

A. 内存储器　　B. 外存储器　　C. 输入设备　　D. 输出设备

12. 24×24 点阵的字库中，存储一个汉字的字形信息需要(　　)字节。

A. 4×4　　B. 3×16　　C. 24×24　　D. 3×24

13. 汇编语言和机器语言同属于(　　)。

A. 高级语言　　B. 低级语言　　C. 编辑语言　　D. 二进制代码

14. 为达到某一目的而编制的计算机指令序列称为(　　)。

A. 软件　　B. 字符串　　C. 程序　　D. 命令

15. 在微型计算机中使用的数据库管理系统，属于计算机应用中的(　　)。

A. 人工智能　　B. 专家系统　　C. 信息管理　　D. 科学计算

16. 目前微型计算机中采用的逻辑元件是(　　)。

A. 小规模集成电路　　B. 中规模集成电路
C. 大规模和超大规模集成电路　　D. 分立元件

17. 下列存储器中，存取速度最快的是(　　)。

A. 软磁盘存储器　　B. 硬磁盘存储器　　C. 光盘存储器　　D. 内存储器

18. 在微型计算机中，常见到的 EGA、VGA 等是指(　　)。

A. 微机型号　　B. 显示适配卡类型　　C. CPU 类型　　D. 键盘类型

19. 下列字符中，其 ASCII 码值最大的是(　　)。

A. 9　　B. D　　C. a　　D. y

20. 在微型计算机使用的键盘中，Shift 键是(　　)。

A. 换档键　　B. 退格键　　C. 空格键　　D. 回车换行键

21. 在微机中 1KB 表示的二进制位数是(　　)。

A. 1000　　B. 8×1000　　C. 1024　　D. 8×1024

22. 冯·诺依曼计算机的基本原理是(　　)。

A. 程序外接　　B. 逻辑连接　　C. 数据内置　　D. 程序存储

23. 在微机中，CPU 所处理的来自外存储器中的信息必须首先调入(　　)。

A. 主板　　B. 主机　　C. 运算器　　D. 内存储器

24. 在微型计算机中，微处理器的主要功能是进行(　　)。

A. 算术逻辑运算及全机的控制　　B. 逻辑运算
C. 算术逻辑运算　　D. 算术运算

25. DRAM 存储器的中文含义是(　　)。

A. 静态随机存储器　　B. 动态只读存储器　　C. 静态只读存储器　　D. 动态随机存储器

26. 下列软件中属于应用软件的是(　　)。

A. Windows 7　　B. Foxpro 6.0　　C. 工资管理软件　　D. DOS

27. 下列( )是输出设备。
A. 键盘　B. 鼠标　C. 显示器　D. 摄像头
28. 微型计算机系统包括( )。
A. 主机和外部设备　B. 硬件系统和软件系统
C. 主机和各种应用程序　D. 运算器、控制器和存储器
29. CPU 不能直接访问的存储器是( )。
A. 内存储器　B. 外存储器　C. ROM　D. RAM
30. 断电后会使( )中所存储的数据丢失。
A. ROM　B. RAM　C. 磁盘　D. 光盘
31. 微型计算机的硬件系统主要是由( )组成的。
A. 主机　B. 外部设备
C. 微处理器、输入/输出设备　D. 主机和外部设备
32. 计算机硬件能直接识别和执行的只有( )。
A. 汇编语言　B. 符合语言　C. 高级语言　D. 机器语言
33. 具有多媒体功能的微型计算机系统,通常配有 CD-ROM,这是一种( )。
A. 只读存储器　B. 只读大容量软盘　C. 只读硬盘存储器　D. 只读光盘存储器
34. 运算器的主要功能是( )。
A. 算术运算　B. 逻辑运算　C. 算术、逻辑运算　D. 函数运算
35. 在微型计算机中使用的鼠标是连接在( )。
A. 键盘接口上的　B. 显示器接口上的　C. 串行接口上的　D. 并行接口上的
36. 在计算机工作过程中,将外存的信息传送到内存中的过程称为( )。
A. 写盘　B. 拷贝　C. 读盘　D. 输出
37. 在计算机中,应用最普遍的字符编码是( )。
A. BCD 码　B. 汉字编码　C. 机器码　D. ASCII
38. 在计算机中,用来表示内存储器容量大小的最基本单位是( )。
A. 位　B. 字　C. 字节　D. 兆
39. 下面说法中正确的是( )。
A. 一个完整的计算机系统是由微处理器、存储器和输入/输出设备组成
B. 计算机区别于其他计算工具的最主要特点是能存储程序和数据
C. 电源关闭后,ROM 中的信息会丢失
D. 16 位字长计算机能处理的最大数是 16 位十进制数
40. "32 位微型计算机"中的 32 指的是( )。
A. 微机型号　B. 内存容量　C. 存储单位　D. 机器字长
41. 下列四个不同进制的数中,其值最大的是( )。
A. $(11011001)_2$　B. $(75)_{10}$　C. $(37)_8$　D. $(47)_{16}$
42. 下列一组数中,最小的数是( )。
A. $(2B)_{16}$　B. $(75)_{10}$　C. $(52)_8$　D. $(11011001)_2$
43. 个人计算机属于( )。
A. 小型计算机　B. 中型计算机　C. 小巨型计算机　D. 微型计算机
44. 下面关于显示器的叙述,正确的是( )。

A. 显示器是输入设备　　B. 显示器是输出设备
C. 显示器是输入/输出设备　　D. 显示器是存储设备
45. 应用软件是指(　　)。
A. 所有能够使用的软件　　B. 所有微机上都应使用的基本软件
C. 专门为某一应用目的而编制的软件　　D. 能被各应用单位共同使用的某种软件
46. 在微型计算机中内存储器的功能是(　　)。
A. 存储数据　　B. 输入数据　　C. 进入运算和控制　　D. 输出数据
47. 用来表示计算机辅助教学的英文缩写是(　　)。
A. CAD　　B. CAM　　C. CAI　　D. CAT
48. 构成计算机物理实体的部件称为(　　)。
A. 计算机系统　　B. 计算机硬件　　C. 计算机软件　　D. 计算机程序
49. 微型计算机的微处理器包括(　　)。
A. 运算器和主存　　B. 控制器和主存
C. 运算器和控制器　　D. 运算器、控制器和主存
50. 通常所说的微型计算机的主机主要包括(　　)。
A. CPU　　B. CPU、内存
C. CPU、内存和外存　　D. CPU、内存和硬盘
51. 下列软件中属于应用软件的是(　　)。
A. DOS　　B. Windows　　C. 财务管理系统　　D. UCDOS
52. 4 个字节是(　　)个二进制位。
A. 16　　B. 32　　C. 48　　D. 64
53. 1MB 是(　　)Byte。
A. 1000×1000　　B. 1000×1024　　C. 1024×1000　　D. 1024×1024
54. 硬磁盘与软磁盘相比，具有(　　)特点。
A. 存储容量小，工作速度快　　B. 存储容量大，工作速度快
C. 存储容量小，工作速度慢　　D. 存储容量大，工作速度慢
55. 下列软件中，(　　)是系统软件。
A. 用 C 语言编写的求解一元二次方程的程序
B. 工资管理软件
C. 用 C 语言编写的一个练习程序
D. Windows 7 操作系统
56. 把高级语言的源程序变为目标程序要经过(　　)。
A. 汇编　　B. 编辑　　C. 运行　　D. 编译或解释
57. 微处理器又称为(　　)。
A. 运算器　　B. 控制器　　C. 逻辑器　　D. 中央处理器
58. 在微型计算机中，访问速度最快的存储器是(　　)。
A. 硬盘　　B. 软盘　　C. 光盘　　D. 内存
59. ROM 是(　　)。
A. 随机存储器　　B. 只读存储器　　C. 高速缓冲存储器　　D. 顺序存储器
60. 在微型计算机中，硬盘驱动器属于(　　)。

A. 内存储器　B. 外存储器　C. 输入设备　D. 输出设备

61. 在微型计算机中，运算器的另一名称是(　　)。

A. 算术运算单元　B. 逻辑运算单元　C. 加法器　D. 算术逻辑单元

62. 在微型计算机中，必不可少的输入/输出设备是(　　)。

A. 键盘和显示器　B. 键盘和鼠标　C. 显示器和打印机　D. 鼠标和打印机

63. 下列设备中，(　　)是输出设备。

A. 键盘　B. 鼠标　C. 光笔　D. 绘图仪

64. 能直接与 CPU 交换信息的功能单元是(　　)。

A. 显示器　B. 控制器　C. 主存储器　D. 运算器

65. (　　)不是微型计算机必需的工作环境。

A. 恒温　B. 良好的接地线路　C. 远离强磁场　D. 稳定的电源电压

66. 将微机的主机与外部设备相连的是(　　)。

A. 总线　B. 磁盘驱动器　C. 内存　D. 输入/输出接口电路

67. 在计算机内部，数据是以(　　)形式加工、处理和传送的。

A. 二进制码　B. 八进制码　C. 计算机部件　D. 计算机芯片

68. 内存和外存相比，其主要特点是(　　)。

A. 能存储大量信息　B. 能长期保存信息

C. 存取速度快　D. 能同时存储程序和数据

69. 在微型计算机的性能指标中，用户可用的内存容量通常是指(　　)。

A. ROM 的容量　B. RAM 的容量

C. CD-ROM 的容量　D. RAM 和 ROM 的容量

70. 被称作“裸机”的计算机是指(　　)。

A. 没有装外部设备的微机　B. 没有装任何软件的微机

C. 大型机器的终端机　D. 没有硬盘的微机

71. 下面列出的存储器中，易失性存储器是(　　)。

A. RAM　B. ROM　C. PROM　D. EPROM

72. 下列不属于计算机总线的是(　　)。

A. 地址总线　B. 控制总线　C. 通信总线　D. 数据总线

73. 可将各种数据转换为计算机能处理的形式并输送到计算机中的设备统称为(　　)。

A. 输入设备　B. 输出设备　C. 输入/输出设备　D. 存储设备

74. 下列设备中，既能向主机输入数据又能接收由主机输出数据的设备是(　　)。

A. 显示器　B. 软磁盘存储器　C. 扫描仪　D. CD-ROM

75. 打印机一般有两组引线，它们是(　　)。

A. 控制线与电源线　B. 信号线与地址线

C. 控制线与地址线　D. 信号线与电源线

76. CAI 是计算机应用领域之一，其含义是(　　)。

A. 计算机辅助设计　B. 计算机辅助制造

C. 计算机辅助测试　D. 计算机辅助教学

77. 下列叙述中，正确的是(　　)。

A. 操作系统是主机与外设之间的接口　B. 操作系统是软件与硬件的接口

C. 操作系统是源程序和目标程序的接口　D. 操作系统是用户与计算机之间的接口

78. 下列设备中，属于计算机输入设备的是(　　)。

A. 显示器　B. 打印机　C. 绘图仪　D. 鼠标

79. 静态 RAM 的特点是(　　)。

A. 在不断电的条件下，其中的信息保持不变，因而不必定期刷新

B. 在不断电的条件下，其中的信息不能长时间保持，因而必须定期刷新才不致丢失信息

C. 其中的信息只能读不能写

D. 其中的信息断电后也不会丢失

80. 计算机中对数据进行加工与处理的部件，通常称为(　　)。

A. 运算器　B. 控制器　C. 显示器　D. 存储器

81. 微型计算机中内存储器比外存储器(　　)。

A. 读写速度快　B. 存储容量大　C. 运算速度慢　D. 以上三项都对

82. 下列字符中，ASCII 码值最小的是(　　)。

A. A　B. a　C. K　D. M

83. 世界上公认的第一台计算机是在(　　)诞生的。

A. 美国　B. 法国　C. 德国　D. 英国

84. 计算机术语中，CAD 表示(　　)。

A. 计算机辅助教学　B. 计算机辅助设计

C. 计算机辅助制造　D. 计算机辅助智能

85. 十进制数 241 转换为二进制数是(　　)。

A. 11110001　B. 10111111　C. 11111001　D. 10110001

86. 二进制数 110111101 转换为十进制数是(　　)。

A. 220　B. 221　C. 251　D. 321

87. 2 个字节表示(　　)二进制位。

A. 2 个　B. 4 个　C. 8 个　D. 16 个

88. 计算机之所以能按人们的意志自动进行工作，主要是因为采用了(　　)。

A. 二进制　B. 存储程序控制　C. 高速电子元件　D. 程序设计语言

89. 64 位微机是指微机的 CPU (　　)。

A. 一次能处理 32 位十进制数　B. 一次能处理 32 位二进制数

C. 能存储 64 个字节　D. 一次能处理 32 位十六进制数

90. CRT 显示器的性能指标之一是像素的点距，常见的有 0.28 和 0.25，它是以(　　)为单位。

A. 厘米　B. 毫米　C. 磅　D. 微米

91. 将高级程序语言编写的源程序边翻译边执行的程序称为(　　)。

A. 目标程序　B. 编译程序　C. 连接程序　D. 解释程序

92. 一个汉字的机内码需用(　　)个字节存储。

A. 1　B. 2　C. 4　D. 8

93. 关于 GB 2312—80 汉字内码的说法，正确的是(　　)。

A. 使用内码是方便打印　B. 每个汉字内码的长度是随笔画多少而定

C. 汉字内码与区位码相同　D. 汉字的内码一定无重码

94. 用 GHz 来衡量计算机的性能，它指的是(　　)。

A. 存储器容量　　B. 字长　　C. CPU 时钟频率　　D. 运算速度

95. 任意一个汉字的机内码和其国标码之差为(　　)。

A. 8080H　　B. 8060H　　C. 8000H　　D. 8040H

96. 在计算机的存储单元中存储的(　　)。

A. 只能是数据　　B. 只能是指令　　C. 只能是字符　　D. 是数据或指令

97. 用 8 位二进制能表示的最大的无符号整数等于十进制的(　　)。

A. 127　　B. 128　　C. 255　　D. 256

98. 根据汉字国标码 GB 2312—80 规定，将汉字分为常用汉字(一级)和次常用汉字(二级)两级汉字，一级常用汉字按(　　)排列。

A. 部首顺序　　B. 笔画多少　　C. 使用频率　　D. 汉语拼音字母顺序

99. 微机中采用的标准 ASCII 编码用(　　)位二进制数表示一个字符。

A. 2　　B. 7　　C. 8　　D. 1

100. 如果要运行一个指定的程序，那么必须将这个程序装入(　　)中。

A. ROM　　B. RAM　　C. 硬盘　　D. CD-ROM

101. 五笔字型汉字输入法的编码属于(　　)。

A. 音码　　B. 形声码　　C. 形码　　D. 区位码

102. 存储一个汉字的机内码需要 2 个字节，其前后 2 个字节的最高位二进制值依次是(　　)。

A. 1 和 1　　B. 1 和 0　　C. 0 和 1　　D. 0 和 0

103. 显示或打印汉字时，系统使用的是汉字的(　　)。

A. 机内码　　B. 字形码　　C. 输入码　　D. 国标码

104. 存储一个 48×48 点阵的汉字字形码，需要(　　)个字节。

A. 72　　B. 256　　C. 288　　D. 512

105. 下列存储器中，访问周期最短的是(　　)。

A. 内存(RAM)　　B. 高速缓存(Cache)

C. 硬盘存储器　　D. 光盘存储器

106. 在计算机中，每个存储单元都有一个连续的编号，此编号称为(　　)。

A. 位置号　　B. 顺序号　　C. 地址　　D. 逻辑号

107. 汇编语言是一种(　　)程序设计语言。

A. 依赖于计算机的低级　　B. 计算机能直接执行的

C. 独立于计算机的高级　　D. 面向问题的

108. 已知一汉字的国标码是 5E38H，则其内码是(　　)。

A. DEB8H　　B. DE38H　　C. 5EB8H　　D. 7E58H

【判断题】

1. 现代计算机的主要功能是用于科学计算。(　　)

2. 显示器作为用户注意力的目标，是体现计算机性能指标最重要的方面。(　　)

3. 在计算机内部，传送、存储、加工处理的数据或指令都是以十进制方式进行的。(　　)

4. 造成微机不能正常工作的原因只可能是硬件故障。(　　)

5. 微型计算机的鼠标一般是连接在机器的并行口上的。(　　)

6. 计算机的性能指标完全由 CPU 决定。（ ）

7. 电子计算机的发展已经经历了四代，第一代的电子计算机都不是按照存储程序和程序控制原理设计的。（ ）

8. 计算机中用来表示内存储容量大小的最基本单位是位。（ ）

9. 字长是衡量计算机精度和运算速度的主要技术指标。（ ）

10. 汇编语言和机器语言都属于低级语言，不是都能被计算机直接识别执行。（ ）

11. 指令与数据在计算机内部是以 ASCII 码进行存储的。（ ）

12. 在 ROM 中存储的信息断电即消失。（ ）

13. 格式化硬盘，将删除盘上原来所有的信息。（ ）

14. 内存是为程序和数据提供临时存储空间的硬件单元，并不是所有程序都需要内存才能运行。（ ）

15. 内存的存取速度远远高于磁盘的存取速度。（ ）

16. 计算机断电后，RAM 中的信息会全部丢失。（ ）

17. 一个完整的计算机系统应包括硬件系统和软件系统。这句话是错误的。（ ）

18. Cache 的中文译名是高速缓冲存储器。（ ）

19. 点阵打印机中，"24 针"是指打印机头有 24×24 根针。（ ）

20. 计算机之所以能计算有大量数据和程序语句的大型程序，主要原因是有好的程序设计语言。（ ）

21. 计算机的众多技术指标中，最主要的指标应该是主频、字长和内存容量。（ ）

22. ROM 中的信息是由计算机制造厂家预先写入的。（ ）

23. 未来计算机将以大规模集成电路为基础，向人性化方向发展。（ ）

24. 任何程序不需进入内存，直接在硬盘上就可以运行，如硬盘版游戏。（ ）

25. 所有十进制小数都能准确转换成有限位二进制小数。（ ）

26. 计算机显示器的分辨率越高，显示越清晰。（ ）

27. 格式化磁盘将删除磁盘上原有的所有信息。（ ）

28. 十进制记数方式和二进制记数方式完全等价，只是表达方式不同。（ ）

29. 存储一个 32×32 的点阵汉字，需要 128 KB 的存储空间。（ ）

30. 高级语言是独立于机器的程序设计语言。（ ）

【填空题】

1. CPU 是计算机的核心部件，该部件主要由运算器和（ ）组成。

2. 计算机内进行算术与逻辑运算的功能部件是（ ）。

3. 标准 ASCII 码是用（ ）位二进制进行编码。

4. KB、MB 和 GB 都是存储容量的单位，1 GB=（ ）KB。

5. 十进制数 225.75 转换成十六进制数，其值为（ ）H。

6. 内存空间地址为 2001H～7000H，则其存储空间为（ ）KB。

7. 著名数学家冯·诺依曼提出了（ ）和程序控制理论。

8. 为解决某一问题而设计的指令序列称为（ ）。

9. 计算机本身就能直接识别，而不需要翻译或解释的语言是（ ）语言。

10. 计算机内的所有数据或程序都是以（ ）的形式存放在磁盘上。

11. 个人计算机必备的外部设备是显示器和（ ）。

12. 将高级语言编写的源程序翻译成计算机可执行程序的软件叫（　　）。
13. 微机里的运算器、控制器和寄存器构成（　　）。
14. 在计算机内部，数据加工、处理和传送的形式是（　　）。
15. 已知英文字母 n 的 ASCII 码值是 110，那么英文字母 p 的 ASCII 码值应该是（　　）。
16. 计算机中的所有信息都是以（　　）表示的，因为它所需要的物理元件最简单。
17. 每个汉字机内码占 2 个字节，最高位为（　　）。
18. 1MB 的存储空间最多能存储（　　）个汉字。
19. 在计算机字形码 24×24 点阵中，一个汉字占（　　）字节。
20. 一块新硬盘在使用前必须进行（　　）操作处理后才能正常存储数据。

第 2 章

Windows 7 操作系统

考纲扫描

Windows 7 操作系统(Windows 7 及以上版本)

(1)掌握 Windows 7 操作系统的文件系统;

(2)理解 Windows 7 操作系统的基本原理;

(3)掌握 Windows 7 操作系统的基本操作。

2.1 Windows 7 操作系统的文件系统

Windows 7 是微软公司推出的计算机操作系统,Windows 7 包含 6 个版本,分别为 Windows 7 Starter(初级版)、Windows 7 Home Basic(家庭普通版)、Windows 7 Home Premium(家庭高级版)、Windows 7 Professional(专业版)、Windows 7 Enterprise(企业版)以及 Windows 7 Ultimate(旗舰版)。

Windows 7 桌面如图 2-1 所示。

图 2-1 Windows 7 桌面

2.1.1　文件及文件夹

2.1.1.1　概念

❀ 精讲点拨

知识点 1　文件是操作系统存取信息的基本单位，可以存放文本、图像和数值数据等信息，是磁盘上存储信息的一个集合。

知识点 2　文件夹又称为目录，主要用于存放、整理和归纳各种不同的文件，以及组织和管理设备文件。

知识点 3　每个文件都有一个唯一的名字，称为文件名。

知识点 4　文件夹除了包含各种文件外，还可以包含下一级文件夹。

❖ 例题解析

【单选题】

1. 在 Windows 7 的"资源管理器"窗口中显示的几种文件图标，代表当前系统已安装的应用程序，不能识别的文件类型是（　　）。

A.　　　　B.　　　　C.　　　　D.

［答案］　D

［解析］　计算机中不能识别的文件类型是 D 项所示的文件图标。

2. 在 Windows 7 操作系统中，下列叙述正确的是（　　）。

A. 在不同文件夹中，不允许有相同名称的文件夹

B. 在不同文件夹中，允许有相同名称的文件夹

C. 在同一个文件夹中，只允许有一对相同名称的文件夹

D. 在同一个文件夹中，允许有相同名称的文件夹

［答案］　B

［解析］　同一个文件夹下不能有相同的文件或文件名。

【判断题】

1. 正版 Windows 7 操作系统不需要激活即可使用。（　　）

［答案］　×

［解析］　正版 Windows 7 操作系统都需要激活，激活了才会享受一系列正版系统的服务，比如升级系统补丁、及时自动更新等。

2. Windows 7 旗舰版支持的功能最多。（　　）

［答案］　√

［解析］　Windows 7 包含 6 个版本。其中，Windows 7 Starter（初级版）大部分在笔记本计算机或品牌计算机上预装此版本，功能最少。Windows 7 Ultimate（旗舰版）拥有 Windows 7 Home Premium（家庭高级版）和 Windows 7 Professional（专业版）的所有功能，当然对硬件的要求也是最高的。

✲ 巩固练习

【单选题】

1. 在 Windows 7 操作系统中,新建一个文件夹后,该文件夹中有(　　)个文件。

A. 0　　B. 1　　C. 2　　D. 以上都不是

2. 操作系统中对文件的确切定义应该是(　　)。

A. 用户手写的程序和数据　　B. 打印在纸上的程序和数据

C. 显示在屏幕上的程序和数据的集合　　D. 记录在存储介质上的程序和数据的集合

3. 在 Windows 7 操作系统中,关于文件夹的描述不正确的是(　　)。

A. 文件夹是用来组织和管理文件的　　B. "我的电脑"是一个文件夹

C. 文件夹中可以存放两个同名文件　　D. 文件夹中可以存放驱动程序文件

4. Windows 7 目前有几个版本?(　　)

A. 3　　B. 4　　C. 5　　D. 6

5. 在 Windows 7 操作系统的各个版本中,支持功能最多的是(　　)。

A. 家庭普通版　　B. 家庭高级版　　C. 专业版　　D. 旗舰版

6. 在 Windows 7 操作系统中,将打开窗口拖动到屏幕顶端,窗口会(　　)。

A. 关闭　　B. 消失　　C. 最大化　　D. 最小化

7. 在 Windows 7 操作系统中,显示桌面的快捷键是(　　)。

A. Win+D　　B. Win+P　　C. Win+Tab　　D. Alt+Tab

【判断题】

1. 在 Windows 7 操作系统中,家庭普通版支持的功能最少。(　　)

2. 在 Windows 7 操作系统的各个版本中,支持的功能都一样。(　　)

3. 在 Windows 7 操作系统中,默认库被删除后可以通过恢复默认库进行恢复。(　　)

4. 在 Windows 7 操作系统中,默认库被删除了就无法恢复。(　　)

5. 正版 Windows 7 操作系统不需要安装安全防护软件。(　　)

6. 任何一台计算机都可以安装 Windows 7 操作系统。(　　)

7. 安装安全防护软件有助于保护计算机不受病毒侵害。(　　)

【巩固练习答案】

[单选题]　1. A　2. D　3. C　4. D　5. D　6. C　7. A

[判断题]　1. √　2. ×　3. √　4. ×　5. ×　6. ×　7. √

2.1.1.2　命名规则

❀ 精讲点拨

知识点 1　文件名包括主文件名和扩展名两部分。

知识点 2　文件名长度规定任何一个文件名最多可使用 255 个英文字符,如果使用中文字符则不能超过 127 个汉字。

知识点 3　文件名不区分大小写。

知识点 4　文件名不能含有的英文符号有\ / : * ? " <> |,中文符号是可以用在文件名中的,因为一个中文符号可作为一个汉字处理。

❖ 例题解析

【单选题】

1. 下列文件名中,(　　)是非法的 Windows 文件名。

A. * * myfile * *　B. Thisismyfile　C. student. dbfd　D. 这是我的文件

[答案]　A

[解析]　非法字符有:\ /:* ? " <> |,这些符号不能出现在文件名中。

2. 下列关于 Windows 7 文件名的说法中,不正确的是(　　)。

A. Windows 7 中的文件名可以用汉字

B. Windows 7 中的文件名可以用空格

C. Windows 7 中的文件名最长可达 128 个字符

D. Windows 7 中的文件名最长可达 256 个字符

[答案]　D

[解析]　根据文件命名规则,一个文件名最多可使用 255 个英文字符。

【判断题】

1. Windows 7 操作系统的文件名中不能有空格。(　　)

[答案]　×

[解析]　文件名中是可以出现空格、句点以及中文字符的。

✲ 巩固练习

【单选题】

1. 下面关于文件夹的命名的说法,错误的是(　　)。

A. 可以包含英文字母　B. 可以包含空格

C. 可以包含"?"　D. 可以包含数字

2. 在 Windows 7 中,有关任务栏的叙述,下列不正确的是(　　)。

A. 任务栏上时钟可以隐藏

B. 任务栏可以隐藏

C. 任务栏不一定总出现在桌面的最下边

D. 任务栏可以改变位置,但不能改变大小

3. 在 Windows 7 操作系统中下面的叙述正确的是(　　)。

A. "写字板"是字处理软件,不能进行图文处理

B. "画图"是绘图工具,不能输入文字

C. "写字板"和"画图"均可以进行文字和图形处理

D. "记事本"文件可以插入自选图形

4. 下列有关快捷方式的叙述,错误的是(　　)。

A. 快捷方式改变了程序或文档在磁盘上的存放位置

B. 快捷方式提供了对常用程序或文档的访问捷径

C. 快捷方式图标的左下角有一个小箭头

D. 删除快捷方式不会对源程序或文档产生影响

【巩固练习答案】

[单选题]　1. C　2. D　3. C　4. A

2.1.1.3　通配符

❀ 精讲点拨

知识点 1　Windows 7 操作系统通配符及其含义，如图表 2-1 所示。

表 2-1　Windows 7 操作系统通配符及其含义

通配符	含　义	举　例
?	表示任意一个字符	? a. doc，表示文件名由 2 个字符组成，且第二个字母是为“a”的 doc 文件
*	表示任意多个字符	*. xls，表示当前盘上所有的 xls 文件

知识点 2　查找文件及文件夹有两种常见方法：

◇ 选择“开始”→“搜索”命令；

◇ 使用文件夹或库中的搜索框。

❀ 例题解析

【单选题】

1. 在本地计算机上查找从第二个字符开始，包含“计算机”的 Word 文档，应该在“全部或部分文件名”下方的文本框中输入(　　)，然后单击“搜索”按钮。

A. * 计算机 *. doc　　B. ? 计算机 *. doc

C. ? 计算机?. doc　　D. * 计算机?. doc

[答案]　B

[解析]　Word 文档的扩展名为. doc，“?”表示可匹配任意一个字符，“*”表示可匹配任意多个字符。如图 2-2 所示。

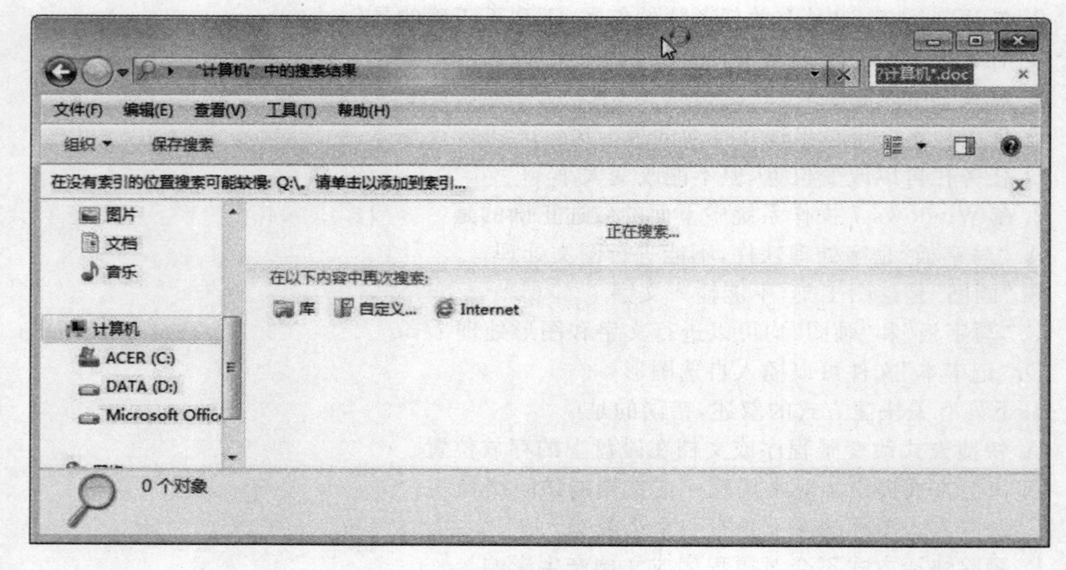

图 2-2　“搜索”窗口

✲ 巩固练习

【单选题】

1. 在查找文件时，通配符 * 与？的含义是(　　)。
A. * 表示任意多个字符，? 表示任意一个字符
B. ? 表示任意多个字符，* 表示任意一个字符
C. * 和？表示乘号和问号
D. 查找 *.? 与?.* 的文件是一致的

2. 在 Windows 7 操作系统中，不属于控制面板操作的是(　　)。
A. 更改桌面背景　　B. 添加新硬件
C. 造字　　D. 调整鼠标的使用设置

3. 在 Windows 7 操作系统中，排列桌面项目图标的第一步操作是(　　)。
A. 按鼠标右键单击任务栏空白区　　B. 按鼠标右键单击桌面空白区
C. 按鼠标左键单击桌面空白区　　D. 按鼠标左键单击任务栏空白区

4. 在 Windows 7 操作系统中，双击驱动器图标的作用是(　　)。
A. 查看硬盘所存的文件　　B. 备份文件
C. 格式化磁盘　　D. 检查磁盘驱动器

【巩固练习答案】

[单选题]　1. A　2. C　3. B　4. C

2.1.1.4　文件类型

❊ 精讲点拨

知识点 1　文件的扩展名用来表示文件的类型。

知识点 2　Windows 7 中常用的文件扩展名，如表 2-2 所示。

表 2-2　常见扩展名及类型

扩展名	文件类型	扩展名	文件类型
.avi	影像文件	.jpg	常用的图形文件
.bmp	位图文件	.mdb/.accdb	Access 数据库文件
.com/.exe	可执行文件	.txt	文本文件
.doc/.docx	Word 文字处理文件	.wav	波形文件
.xls/.xlsx	Excel 电子表格处理文件	.htm	超文本文件
.ppt/.pptx	PowerPoint 电子演示文稿文件	.zip/.rar	压缩文件

❖ 例题解析

【单选题】

1. 在 Windows 7 操作系统中，文件的扩展名为.exe 和.com 的文件是(　　)。
A. 文档文件　　B. 可执行文件　　C. 数据文件　　D. 图像文件

［答案］ B

［解析］ 略

2. 在 Windows 7 操作系统中，文件名由（　　）两部分组成。

A. 主文件名和圆点　　B. 扩展名和圆点

C. 主文件名和扩展名　　D. 大写字母和小写字母

［答案］ C

［解析］ 根据文件名的命名规则，文件名由主文件名和扩展名组成。

3. 下列属于可执行文件的是（　　）。

A. Game. txt　　B. english. doc　　C. WT. exe　　D. Auto. wps

［答案］ C

［解析］ 扩展名为. exe 和. com 的文件为可执行文件。

✲ 巩固练习

【单选题】

1. 下面是关于 Windows 7 操作系统文件名的叙述，错误的是（　　）。

A. 文件名中允许使用汉字　　B. 文件名中允许使用多个圆点分隔符

C. 文件名中允许使用空格　　D. 文件名中允许使用竖线

2. 在 Windows 7 操作系统中，在“记事本”中保存的文件，系统默认的文件扩展名是（　　）。

A. txt　　B. doc　　C. bmp　　D. rtf

【巩固练习答案】

［单选题］ 1. D　2. A

2. 1. 1. 5　属性

❄ 精讲点拨

知识点 1　文件属性一般包括只读、隐藏、存档等。

◇ 只读：文件或文件夹只能打开阅读内容，不能修改内容。

◇ 隐藏：设置隐藏属性后文件或文件夹被隐藏起来，打开它们所在窗口看不到这些文件或文件夹。

◇ 存档：一般的文件都具有此属性。

❈ 例题解析

【单选题】

1. 下列不属于文件的属性的是（　　）。

A. 只读　　B. 隐藏　　C. 存档　　D. 只写

［答案］ D

［解析］ 文件属性没有只写。

2. 在 Windows 7 操作系统中，为了防止他人修改某文件，应设置该文件属性为（　　）。

A. 隐藏　　B. 只读　　C. 存档　　D. 系统

［答案］ B

［解析］ 文件属性设为只读，该文件就只能读不能写，也就不能修改了。

✲ 巩固练习

【单选题】

1. 在 Windows 7 操作系统中，文件和文件夹的属性不包括（ ）。

A. 只读　　B. 存档　　C. 备份　　D. 隐藏

2. 在 Windows 7 操作系统中，某个窗口的标题栏的右端的三个图标可以用来（ ）。

A. 使窗口最小化、最大化和改变显示方式

B. 改变窗口的颜色、大小和背景

C. 改变窗口的大小、形状和颜色

D. 使窗口最小化、最大化（还原）和关闭

3. 在 Windows 7 操作系统中，Alt＋Tab 键的作用是（ ）。

A. 关闭应用程序　　B. 打开应用程序的控制菜单

C. 应用程序之间相互切换　　D. 打开“开始”菜单

4. 在 Windows 7 操作系统中，用户建立的文件默认具有的属性是（ ）。

A. 隐藏　　B. 只读　　C. 系统　　D. 存档

【巩固练习答案】

［单选题］ 1. C　2. D　3. C　4. D

2.1.1.6 文件系统

❀ 精讲点拨

知识点 1 文件系统是操作系统用于明确磁盘或分区上的文件的方法和数据结构，即在磁盘上组织文件的方法。

知识点 2 常用的分区格式有 NTFS(New Technology File System)、FAT (File Allocation Table)32、FAT 16、Linux。

❖ 例题解析

【单选题】

1. 安装 Windows 7 操作系统时，系统磁盘分区必须为（ ）格式才能安装。

A. FAT　　B. FAT16　　C. FAT32　　D. NTFS

［答案］ D

［解析］ Windows 7 操作系统只支持 NTFS 格式。

✲ 巩固练习

【单选题】

1. 在 Windows 7 操作系统中，如果某个菜单项的颜色暗淡，则表示（ ）。

A. 只要双击，就能选中

B. 必须连续三击，才能选中

C. 单击被选中后，还会显示出一个方框要求操作者进一步输入信息

D. 在当前情况下，这项选择是没有意义的，选中它不会有任何反应

2. 关于 Windows 7 操作系统窗口的概念，以下叙述正确的是(　　)。

A. 屏幕上只能出现一个窗口，这就是活动窗口

B. 屏幕上可以出现多个窗口，但只有一个是活动窗口

C. 屏幕上可以出现多个窗口，但不止一个活动窗口

D. 当屏幕上出现多个窗口时，就没有了活动窗口

3. 在 Windows 7 操作系统桌面底部的任务栏中，一般会出现的图标有(　　)。

A. "开始"按钮、"快速启动"工具栏、应用程序图标及"语言选项带和托盘区"

B. "资源管理器"按钮、"快速启动"工具栏、应用程序图标及"语言选项带和托盘区"

C. "开始"按钮、"资源管理器"按钮、应用程序图标及"语言选项带和托盘区"

D. "开始"按钮、"快速启动"工具栏、"语言选项带和托盘区"及"屏幕设置"快捷菜单

【巩固练习答案】

[单选题]　1. D　2. B　3. A

2.1.2　剪贴板

❈ 精讲点拨

知识点 1　剪贴板是 Windows 7 操作系统中一段可连续的、可随存放信息的大小而变化的内存空间，用来临时存放交换信息。

知识点 2　剪贴板的工作过程如图 2-3 所示。

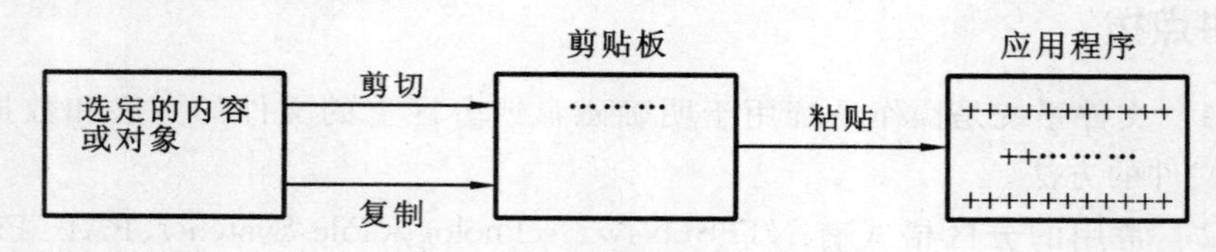

图 2-3　剪贴板的工作过程

知识点 3　在实际应用中，常使用组合键"Ctrl＋X""Ctrl＋C""Ctrl＋V"分别完成剪切、复制、粘贴操作。

❖ 例题解析

【单选题】

1. 在"资源管理器"中，"剪切"一个文件后，该文件被(　　)。

A. 删除　　B. 放到"回收站"

C. 临时存放在桌面上　　D. 临时存放在"剪贴板"上

[答案]　D

[解析]　理解剪切的含义，切莫误把剪切当做删除操作。

2. 在 Windows 7 操作环境下，将整个屏幕画面全部复制到剪贴板中使用的键是(　　)。

A. Print Screen　　B. Page Up　　C. Alt＋F4　　D. Ctrl＋Space

[答案]　A

［解析］ Print Screen 的作用是复制整个屏幕到剪贴板。Alt＋ Print Screen 的作用是复制当前窗口画面到剪贴板。

3. 在 Windows 7 操作系统中，连续多次执行“复制”操作，再执行“粘贴”操作，得到的是（　　）。

A. 第一次被复制的内容　　B. 最后一次被复制的内容

C. 所有被复制的内容　　D. 不确定的内容

［答案］ B

［解析］ 剪贴板只能保存最后一次复制或剪切的内容。

✲ 巩固练习

【单选题】

1. 在 Windows 7 操作系统中，“剪贴板”是用来在程序和文件间传递信息的临时存储区，此存储区是（　　）。

A. 回收站的一部分　B. 硬盘的一部分　C. 内存的一部分　D. 软盘的一部分

【填空题】

1. 在 Windows 7 操作系统中，“Ctrl＋C”是（　　）命令的快捷键。

2. 在 Windows 7 操作系统中，“Ctrl＋X”是（　　）命令的快捷键。

3. 在 Windows 7 操作系统中，利用（　　），可以方便地在应用程序之间进行信息移动或复制等信息交换。

【巩固练习答案】

［单选题］ 1. C

［填空题］ 1. 复制　2. 剪切　3. 剪贴板

2.1.3 回收站

❈ 精讲点拨

知识点 1 回收站是一个特殊的文件夹，回收站的容量可以由用户自定义，如图 2-4 所示。

知识点 2 默认在每个硬盘分区根目录下的 Recycler 文件夹中，而且是隐藏的。

知识点 3 当文件被删除并移到回收站后，实质上就是把它放到了这个文件夹，仍然占用磁盘的空间。只有在回收站里删除它或清空回收站才能使文件真正地删除，为计算机获得更多的磁盘空间。

知识点 4 正在使用的文件不能被删除。

❖ 例题解析

【单选题】

1. 在（　　）删除的文件，不会进入“回收站”。

A. 资源管理器　B. 桌面上　C. 硬盘上　D. 软盘中

［答案］ D

［解析］ 不是所有删除的文件都会放入到回收站中，一般只有从硬盘中删除的文件才会放入“回收站”，从软盘、优盘、手机等位置删除文件不会放入回收站，也就不能恢复。

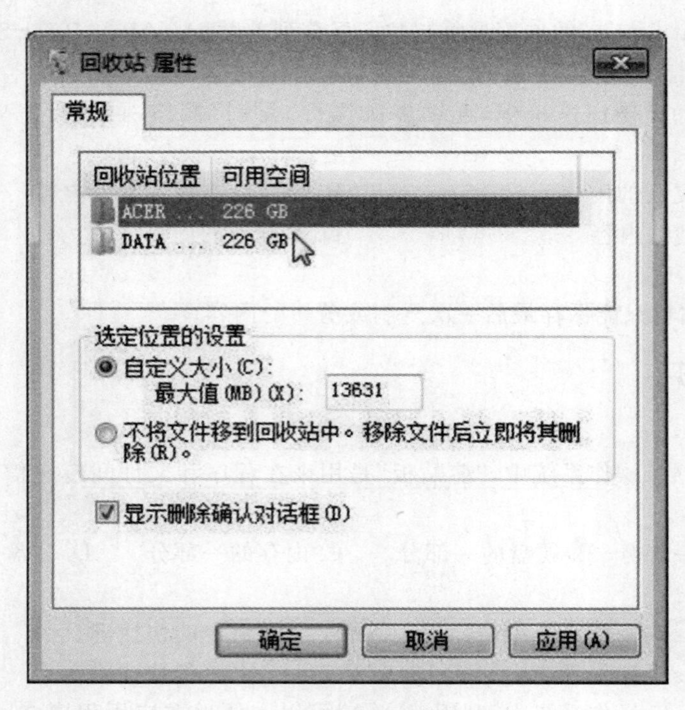

图 2-4 “回收站 属性”对话框

2.“回收站”里的文件或文件夹(　　)。

A. 既能恢复,也可以永久性删除　　B. 只能恢复,不可以永久性删除

C. 只能删除,不能恢复了　　D. 既不能恢复,也不可以永久性删除

[答案] A

[解析] 略。

3. 在 Windows 7 操作系统的“回收站”窗口中,进行了“清空回收站”操作后(　　)。

A.“回收站”被清空,其中的文件或文件夹被恢复到删除时的位置

B.“回收站”被清空,其中的文件或文件夹从硬盘中清除

C.“回收站”中的文件或文件夹仍保留,同时被恢复到删除时的位置

D.“回收站”被清空,其中的文件或文件夹被恢复到用户指定的位置

[答案] B

[解析] 清空回收站即为永久性删除文件,不能再恢复。

4. 删除 Windows 7 操作系统桌面上某个应用程序的图标,意味着(　　)。

A. 该应用程序连同其图标一起被删除

B. 只删除了该应用程序,对应的图标被隐藏

C. 只删除了图标,对应的应用程序被保留

D. 该应用程序连同其图标一起被隐藏

[答案] C

[解析] 桌面图标通常只是快捷方式,删除快捷方式图标其对应的程序并没有被删除。如图 2-5 所示。

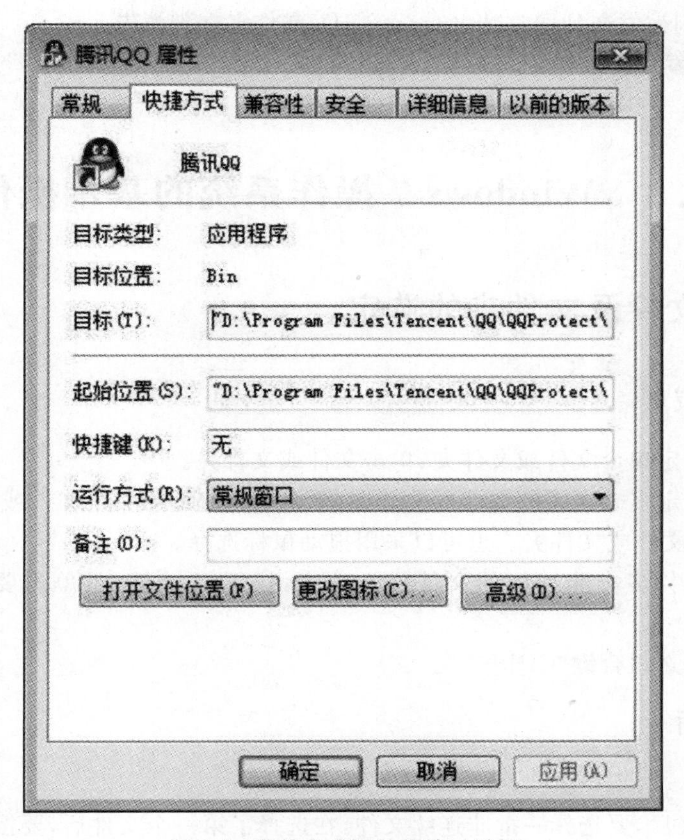

图 2-5　快捷方式图标属性对话框

✲ 巩固练习

【单选题】

1. 回收站里的文件“还原”后(　　)。

A. 文件还原到原来被删除的地方　　B. 文件还原到桌面

C. 文件还原到 C 盘　　D. 文件不确定还原的地方

2. 要删除文件或文件夹首先应(　　)。

A. 选定要删除的文件或文件夹　　B. 清空回收站

C. 打开回收站　　D. 对文件或文件夹进行剪切

3. 在 Windows 7 操作系统中，若要恢复“回收站”中的文件，在选定待恢复的文件后，应选择(　　)命令。

A. 还原　　B. 清空回收站　　C. 删除　　D. 关闭

4. “回收站”中可以是(　　)。

A. 文件　　B. 文件夹　　C. 快捷方式　　D. 以上都对

5. 在“回收站”中一次可以还原(　　)个文件或文件夹。

A. 1　　B. 10　　C. 30　　D. 若干

6. 右键点击文件夹，选择“文件”菜单中的“删除”命令，则(　　)。

A. 立刻被删除　　B. 立刻弹出“删除”对话框

C. 文件夹立刻被发送到回收站　　D. 文件夹立刻消失

【巩固练习答案】

[单选题]　1. A　2. A　3. A　4. D　5. D　6. B

2.2　Windows 7 操作系统的基本操作

2.2.1　文件及文件夹的选定

❈ 精讲点拨

知识点 1　选定单个文件或文件夹:单击文件或文件夹。

知识点 2　选定多个连续的文件或文件夹:单击要选定的第一个文件或文件夹,按下 Shift 键,单击最后一个文件或文件夹。也可以采用拖动鼠标选择。

知识点 3　选择多个非连续的文件或文件夹:按下 Ctrl 键,再单击要选择的文件或文件夹。

知识点 4　全选组合键“Ctrl＋A”。

❖ 例题解析

【单选题】

1. 打开文件夹后,要选择一批非连续文件,在选择了第一个文件后,要按住(　　)键,同时再选择其他文件。

A. Tab　　B. Shift　　C. Alt　　D. Ctrl

[答案]　D

[解析]　要选择非连续的文件或文件夹时按住 Ctrl,选择连续的文件或文件夹时选择第一个文件后先按住 Shift 再按最后一个文件。

2. 在 Windows 7 操作系统中,操作具有(　　)的特点。

A. 先选择操作命令,再选择操作对象　　B. 先选择操作对象,再选择操作命令

C. 需同时选择操作命令和操作对象　　D. 允许用户任意选择

[答案]　B

[解析]　Windows 7 操作系统中应遵循“先选择后操作”的原则。也就是先选择操作对象,再选择操作命令。

✼ 巩固练习

【单选题】

1. 在 Windows 7“资源管理器”操作中,当打开一个文件夹后,全部选中其中内容的快捷键是(　　)。

A. Ctrl＋V　　B. Ctrl＋A　　C. Ctrl＋X　　D. Ctrl＋C

2. 文件的类型可以根据(　　)来识别。

A. 文件的大小　　B. 文件的用途

C. 文件的扩展名　　D. 文件的存放位置

3. 在下列软件中，属于计算机操作系统的是（　　）。

A. Windows 7　　B. Word 2010　　C. Excel 2010　　D. PowerPoint 2010

4. 为了保证 Windows 7 安装后能正常使用，采用的安装方法是（　　）。

A. 升级安装　　B. 卸载安装　　C. 覆盖安装　　D. 全新安装

【巩固练习答案】

［单选题］　1. B　2. C　3. A　4. D

2.2.2　移动与复制

❀ 精讲点拨

知识点 1　移动和复制可使用菜单法、鼠标拖动法和组合键法。

知识点 2　组合键“Ctrl＋X”“Ctrl＋C”“Ctrl＋V”分别表示剪切、复制、粘贴操作。

❖ 例题解析

【单选题】

1. Windows 7 中“计算机”是用来管理用户计算机资源的，下面的说法正确的是（　　）。

A. 可对文件进行复制、删除、移动等操作且可对文件夹进行复制、删除、移动等操作

B. 可对文件进行复制、删除、移动等操作但不可对文件夹进行复制、删除、移动等操作

C. 不可对文件进行复制、删除、移动等操作但可对文件夹进行复制、删除、移动等操作

D. 不可对文件进行复制、删除、移动等操作也不可对文件夹进行复制、删除、移动等操作

［答案］　A

［解析］　在中文 Windows 7 操作系统中，“计算机”就是用来对文件和文件夹进行复制、删除、移动等操作。

2. 在同一磁盘中，用鼠标左键将一个文件从一个文件夹直接拖动至另一个文件夹时完成的操作是（　　）。

A. 复制　　B. 移动　　C. 删除　　D. 剪切

［答案］　B

［解析］　同盘直接拖动表示移动操作，异盘直接拖动表示复制操作。

✲ 巩固练习

【单选题】

1. 在复制文件完成后，下列叙述正确的是（　　）。

A. 原文件消失，目标文件出现　　B. 原文件仍在，目标文件出现

C. 原文件消失，目标文件不存在　　D. 原文件仍在，目标文件不存在

2. “复制”命令的快捷键是（　　）。

A. Ctrl＋S　　B. Ctrl＋V　　C. Ctrl＋C　　D. Ctrl＋D

3. Windows 7 操作系统的所有对文件和文件夹的管理工作可以在（　　）中完成。

A. 系统　　B. 控制面板　　C. 附件　　D. 资源管理器

4. 在“资源管理器”中，选定文件或文件夹后，按住（　　）键，再拖动到指定位置，可完成复

制文件或文件夹的操作。

A. Shift　　B. Ctrl　　C. Alt　　D. 查看

【巩固练习答案】

［单选题］ 1. B　2. C　3. D　4. B

2.2.3　重命名

❀ 精讲点拨

知识点 1　给文件或文件夹等重命名，一般操作是右击鼠标，选择“重命名”，在文件或文件夹名称输入框中输入新文件名后回车即可。

知识点 2　重命名快捷键为 F2。

知识点 3　正在使用的文件不能重命名。

❈ 例题解析

【单选题】

1. 在 Windows 7 中，文件的“重命名”命令在（　　）菜单下。

A. 文件　　B. 编辑　　C. 工具　　D. 查看

［答案］ A

［解析］ 略。

✲ 巩固练习

【单选题】

1. 在 Windows 7 中，启动中文输入法或切换中文输入模式到英文输入模式，应同时按下（　　）。

A. Ctrl＋空格键　　B. Alt＋空格键

C. Shift＋空格键　　D. Enter＋空格键

2. 在 Windows 7“资源管理器”中，如果工具栏未显示，可以单击（　　）按钮进行设置。

A. 组织　　B. 打开　　C. 刻录　　D. 新建文件夹

3. 在 Windows 7 中，任务栏（　　）。

A. 不能隐藏　　B. 只能显示在屏幕下方

C. 可以显示在屏幕任一边　　D. 图标不能删除

4. 使用屏幕保护程序，是为了（　　）。

A. 保护屏幕玻璃　　B. 延长显示器使用寿命

C. 保护程序　　D. 提高视觉效果

【巩固练习答案】

［单选题］ 1. A　2. A　3. C　4. B

2.3　习题集锦

【单选题】

1. 在 Windows 7 操作系统中，打开一个窗口后，通常其顶部是(　　)。

A. 标题栏　　B. 任务栏　　C. 状态栏　　D. 工具栏

2. 在 Windows 7“资源管理器”中，要把图标设置成“大图标”方式，应在(　　)菜单中设置。

A. 文件　　B. 编辑　　C. 查看　　D. 工具

3. 在 Windows 7 操作系统中，想同时改变窗口的高度和宽度的操作是拖动(　　)。

A. 窗口角　　B. 窗口边框　　C. 滚动条　　D. 菜单栏

4. 下列说法中正确的是(　　)。

A. 安装了 Windows 7 操作系统的微型计算机，其内存容量不能超过 4MB

B. Windows 7 操作系统中的文件名不能用大写字母

C. 安装了操作系统之后才能安装应用软件

D. 安装了 Windows 7 操作系统的计算机，硬盘常安装在主机箱内，因此是一种内存储器

5. 在文件系统的树形目录结构中，从根目录到任何数据文件，其通路(　　)。

A. 有两条　　B. 有唯一条　　C. 有三条　　D. 多于三条

6. 在 Windows 7 操作系统的中文输入方式下，中英文输入方式之间切换应按的组合键是(　　)。

A. Ctrl＋Alt　　B. Ctrl＋Shift　　C. Shift＋Space　　D. Ctrl＋Space

7. 在 Windows 7“资源管理器”中，选定文件后，打开“文件 属性”对话框的操作是(　　)。

A. 单击“文件”→“属性”菜单项　　B. 单击“编辑”→“属性”菜单项

C. 单击“查看”→“属性”菜单项　　D. 单击“工具”→“属性”菜单项

8. 在 Windows 7 控制面板中，使用“程序和功能”的作用是(　　)。

A. 设置字体　　B. 设置显示属性

C. 安装未知新设备　　D. 更改或卸载程序

9. 要移动窗口，可以将鼠标指针移到窗口的(　　)。

A. 工具栏位置上拖曳　　B. 标题栏位置上拖曳

C. 状态栏位置上拖曳　　D. 编辑栏位置上拖曳

10. 在 Windows 7 操作系统中，当一个窗口已经最大化后，下列叙述中错误的是(　　)。

A. 该窗口可以被关闭　　B. 该窗口可以移动

C. 该窗口可以最小化　　D. 该窗口可以还原

11. 在 Windows 7 操作系统的“资源管理器”中，要创建文件夹，应先打开的菜单是(　　)。

A. 文件　　B. 编辑　　C. 查看　　D. 插入

12. 当 Windows 7 操作系统的任务栏在桌面屏幕的底部时，其右端的“指示器”显示的是(　　)。

A. “开始”按钮　　B. 用于多个应用程序之间切换的图标

C. “快速启动”工具栏　　D. 网络连接状态图标、时钟等

13. 在 Windows 7 中要使用“计算器”进行十六进制数据计算和统计时，应选择(　　)。

A.“标准型”　　B.“程序员”　　C.“统计信息”　　D.“科学型”

14. 在 Windows 7 操作系统中可以设置、控制计算机硬件配置和修改显示属性的应用程序是(　　)。

A. Word　　B. Excel　　C. 资源管理器　　D. 控制面板

15. 在 Windows 7 操作系统中，“回收站”是(　　)。

A. 内存中的一块区域　　B. 硬盘中的特殊文件夹

C. 软盘上的文件夹　　D. 高速缓存中的一块区域

16. 在 Windows 7 操作系统中启动汉字输入法后，选定一种汉字输入法，屏幕上就会出现一个与该输入法相应的(　　)。

A. 汉字字体列表框　　B. 汉字字号列表框

C. 汉字输入编码框　　D. 汉字输入法状态框

17. 不可能出现在任务栏上的内容为(　　)。

A. 对话框窗口的图标　　B. 正在执行的应用程序窗口图标

C. 已打开文档窗口的图标　　D. 语言栏对应图标

18. 在 Windows 7 操作系统中，同时显示多个应用程序窗口的正确方法是(　　)。

A. 在任务栏空白区单击鼠标右键，在弹出快捷菜单中选择“横向平铺”命令

B. 在任务栏空白区单击鼠标左键，在弹出快捷菜单中选择“排列图标”命令

C. 按“Ctrl”+“Tab”键进行排列

D. 在资源管理器中进行排列

19. 下列关于 Windows 7 操作系统的叙述中，错误的是(　　)。

A. 删除应用程序快捷图标时，会连同其所对应的程序文件一起删除

B. 设置文件夹属性时，可以将属性应用于其包含的所有文件和子文件夹

C. 删除目录时，可将此目录下的所有文件及子目录一起删除

D. 双击某类扩展名的文件，操作系统可启动相关的应用程序

20. 文件“ABC. bmp”存放在 F 盘的 T 文件夹中的 G 子文件夹下，它的完整文件标识符是(　　)。

A. F:\T\G\ABC　　B. T:\ABC. bmp

C. F:\T\G\ABC. bmp　　D. F:\T:\ABC. bmp

21. 下列哪一个操作系统不是微软公司开发的操作系统？(　　)

A. Windows Server 2003　　B. Windows 7

C. Linux　　D. Windows Vista

22. 在 Windows 7 的各个版本中，支持功能最少的是(　　)。

A. 家庭普通版　　B. 家庭高级版　　C. 专业版　　D. 旗舰版

23. 在 Windows 7 中，若要运行一个指定程序，应使用(　　)菜单中的“运行”命令。

A. 开始　　B. 搜索　　C. 设置　　D. 程序

24. Windows 7 提供了一种(　　)技术，以方便进行应用程序间信息的复制或移动等信息交换。

A. 编辑　　B. 拷贝　　C. 剪贴板　　D. 磁盘操作

25. 关闭 Windows 7 相当于(　　)。

A. 切换到 DOS 环境　　B. 关闭一个应用程序
C. 关闭计算机　　D. 切换到另一个程序

26. 在 Windows 7 中,应用程序窗口(　　)颜色的变化可区分当前活动窗口和非活动窗口。

A. 标题栏　　B. 信息栏　　C. 菜单栏　　D. 工具栏

27. (　　)击任务栏中的任务按钮,可以弹出相应的快捷菜单。

A. 三　　B. 双　　C. 单　　D. 右

28. 在 Windows 7 中,(　　)是操作系统的控制管理中心。

A. 资源管理器　　B. 控制面板　　C. 写字板　　D. 剪贴板

29. 在 Windows 7"资源管理器"中,当删除一个或一组文件夹时,该文件或该文件夹组下的(　　)将被删除。

A. 文件　　B. 所有文件夹
C. 所有子文件夹及其所有文件　　D. 所有文件夹下的所有文件(不含子文件夹)

30. 在 Windows 7"资源管理器"中,单击第一个文件名后,按住(　　)键,再单击最后一个文件,可选定一组连续的文件。

A. Ctrl　　B. Alt　　C. Shift　　D. Tab

31. 在 Windows 7"资源管理器"中,若想格式化一个磁盘分区,应(　　)该盘符并选定"格式化"命令。

A. 拖曳　　B. 双击　　C. 单击　　D. 右击

32. 磁盘清理的主要作用是(　　)。

A. 清除磁盘灰尘　　B. 删除无用文件
C. 格式化磁盘　　D. 进行文件清理并释放磁盘空间

33. 在 Windows 7 操作系统的"回收站"窗口中选定要恢复的文件,单击"文件"菜单中的(　　)命令,恢复到原来位置。

A. 还原　　B. 删除　　C. 恢复　　D. 属性

34. 在 Windows 7 操作系统中,把当前活动窗口作为图形复制到"剪贴板"上,使用的组合键为(　　)。

A. Alt+Print Screen　　B. Print Screen
C. Shift+Print　　D. Ctrl+Print Screen

35. 如果在 Windows 7 操作系统中,打开了多个任务窗口,可以用来在这些窗口之间逐个切换的快捷键是(　　)。

A. Shift+Esc　　B. Ctrl+Esc　　C. Alt+Esc　　D. CapsLock+Esc

36. 在 Windows 7 操作系统中,将被选中的内容复制到"剪贴板",其实就是复制到(　　)中的一个指定区域。

A. 内存　　B. 硬盘　　C. 光盘　　D. U 盘

37. 在 Windows 7 环境的下拉菜单中,灰色的菜单项表示(　　)。

A. 将打开一个对话框　　B. 该命令功能未安装
C. 该命令有下级菜单　　D. 该命令在当前不可使用

38. 利用 Windows 7 操作系统的任务栏,不能进行的是(　　)。

A. 设置系统日期和时间　　B. 排列桌面图标

C. 排列和切换窗口　　D. 启动“开始”菜单

39. 通过(　　)选项可以查看某个文件占用磁盘空间的大小。

A. 属性　　B. 新建　　C. 复制　　D. 剪切

40. 在 Windows 7 操作系统中,下列正确的文件名是(　　)。

A. MYPRKGRAMGROUP. TXT　　B. FILE1|FILE2

C. A<>B. C　　D. A? B. DOC

41. 在默认状态下(　　)文件夹图标,可直接打开该文件夹。

A. 单击　　B. 双击　　C. 移动　　D. 右击

42. 在 Windows 7 操作系统“资源管理器”中,当选择好文件夹后,下列操作中,不能删除该文件夹的是(　　)。

A. 在键盘上按 Delete 键

B. 用鼠标右键单击该文件夹,打开快捷菜单,然后选择“删除”命令

C. 用鼠标左键双击该文件夹

D. 在文件菜单中选择“删除”命令

43. 在 Windows 7 操作系统“资源管理器”左窗口中,单击文件夹(　　)。

A. 在左窗口中扩展该文件夹

B. 在右窗口中显示文件夹中的子文件夹和文件

C. 在左窗口中显示子文件夹

D. 在右窗口中显示该文件夹中的文件

44. 通过“开始”按钮可以进行许多操作,下列说法错误的是(　　)。

A. 启动应用程序　　B. 退出 Windows

C. 可以启动 Windows 帮助系统　　D. 改变桌面图标的排列顺序

45. 在 Windows 操作系统中通常屏幕下方任务栏最左边是(　　)。

A. EN 图标　　B. “开始”按钮　　C. “时钟”按钮　　D. “指示器”按钮

46. 在启动 Windows 7 后,桌面上会出现不同的图标、双击(　　)图标能浏览计算机上所有内容。

A. 计算机　　B. 金山毒霸　　C. 东方快车　　D. Word

47. 在 Windows 7 操作系统桌面上,不能按照(　　)自动排列图标。

A. 名称　　B. 日期　　C. 颜色　　D. 大小

48. 启动计算机后,通常显示在桌面下面的窄窄的一条叫做(　　)。

A. 任务栏　　B. 标题栏　　C. 菜单栏　　D. “开始”菜单

49. 一个窗口打开之后,就会在(　　)上出现一个相应的按钮。

A. 提示区　　B. 任务栏　　C. 标题栏　　D. “开始”菜单

50. 在 Windows 7 操作系统中,不能在“任务栏”内进行的操作是(　　)。

A. 设置系统日期的时间　　B. 排列桌面图标

C. 切换窗口　　D. 启动“开始”菜单

51. 在 Windows 7 操作系统中,任务栏(　　)。

A. 只能改变位置不能改变大小　　B. 只能改变大小不能改变位置

C. 既不能改变位置又不能改变大小　　D. 既能改变位置又能改变大小

52. 在 Windows 7 操作系统中,下列关于“任务栏”的叙述,哪项是错误的?(　　)

A. 可以将任务栏设置为自动隐藏

B. 任务栏可以移动

C. 通过任务栏上的按钮，可实现窗口之间的切换

D. 在任务栏上，只显示当前活动窗口名

53. 在 Windows 7 操作系统中，对同时打开的三个窗口进行层叠式排列，这些窗口的显著特点是（　　）。

A. 每个窗口的内容全部可见　　B. 每个窗口的标题栏全部可见

C. 部分窗口的标题栏不可见　　D. 每个窗口的部分标题栏可见

54. 在 Windows 7 操作系统中，当一个窗口已经最大化后，下列叙述中错误的是（　　）。

A. 该窗口可以被关闭　　B. 该窗口可以移动

C. 该窗口可以最小化　　D. 该窗口可以还原

55. 利用键盘，按（　　）组合键可以实现中英文输入方式的切换。

A. Alt＋Space　　B. Ctrl＋Space　　C. Alt＋Esc　　D. Shift＋Space

56. 对桌面上的一个文件 A 进行操作，下面说法正确的是（　　）。

A. 双击鼠标右键可将文件 A 打开　　B. 单击鼠标右键可将文件打开

C. 单击鼠标左键可将文件 A 打开　　D. 双击鼠标左键可将文件打开

57. 在“快速启动”工具栏中不包括（　　）。

A. 启动 Outlook Express　　B. “我的电脑”的快捷方式

C. 启动 Internet Explorer　　D. 显示桌面

58. 桌面又称为（　　）。

A. 用户区　　B. 用户工作区　　C. 屏幕工作区　　D. 界面

59. 关闭 Windows 7 操作系统的功能组合键是（　　）。

A. Ctrl＋F5　　B. Alt＋F5　　C. Ctrl＋F4　　D. Alt＋F4

60. 下面哪一组功能组合键用于输入法之间的切换？（　　）

A. Shift＋Alt　　B. Ctrl＋Alt　　C. Alt＋Tab　　D. Ctrl＋Shift

61. “粘贴”命令的快捷键是（　　）。

A. Shift＋C　　B. Ctrl＋C　　C. Shift＋V　　D. Ctrl＋V

62. 新建文件夹命令在（　　）下拉菜单中。

A. 文件菜单　　B. 编辑菜单　　C. 查看菜单　　D. 工具菜单

63. Delete 键等同于下面（　　）命令。

A. 复制　　B. 粘贴　　C. 删除　　D. 重命名

64. 在 Windows 7 操作系统中，下列叙述正确的是（　　）。

A. 只能打开一个窗口

B. 应用程序窗口最小化成图标后，该应用程序将终止运行

C. 关闭应用程序窗口意味着终止该应用程序的运行

D. 代表应用程序的窗口大小不能改变

65. 在 Windows 7 操作系统中，下列叙述正确的是（　　）。

A. 利用鼠标拖曳窗口的边框可以改变窗口的大小

B. 利用鼠标拖曳窗口的边框可以移动窗口

C. 一个窗口经最大化后不能立即还原

D. 一个窗口经最小化后不能立即还原

66. 为获得 Windows 7 帮助，必须通过下列哪种途径？(　　)

A. 在“开始”菜单中运行“帮助”命令　　B. 选择桌面并按 F1 键

C. 在使用应用程序过程中按 F1 键　　D. A 和 B 都对

67. 在 Windows 7 操作系统菜单中的某条选项含有子菜单，那么该选项必然(　　)。

A. 前面有“√”标记　　B. 前面和后面没有任何符号

C. 后面跟“'”　　D. 后面跟三角形符号

68. Windows 7 中快捷键(　　)可激活帮助菜单。

A. F1　　B. F10　　C. Alt+F4　　D. Ctrl+Esc

69. 下列说法错误的是(　　)。

A. 文件是系统管理的最小单元　　B. 数据以文件的形式存储

C. 文件夹中只能存放文件　　D. 文件夹用来分类保存与管理文件

70. 下列文件中属于文本文件的是(　　)。

A. user. exe　　B. user. txt　　C. user. avi　　D. user. bmp

71. 移动窗口时，可用鼠标左键拖动窗口的(　　)。

A. 状态栏　　B. 任务栏　　C. 菜单栏　　D. 标题栏

72. 在 Windows 7 中，关闭“资源管理器”窗口，可以选用(　　)。

A. 单击“资源管理器”窗口右上角的“×”按钮

B. 单击“资源管理器”窗口左上角的控制按钮，然后选择“关闭”

C. 单击“资源管理器”的“文件”菜单，并选择“关闭”

D. 以上三项都正确

73. 关闭 Windows 7 操作系统的正确操作是(　　)。

A. 打开“开始”菜单执行“注销”操作

B. 打开“开始”菜单执行“关闭系统”操作

C. 直接关闭计算机电源

D. 打开文件菜单执行“关闭”操作

74. 下面不属于 Windows 7 桌面图标的是(　　)。

A. 计算机　　B. 回收站　　C. 网络　　D. 菜单

75. 在 Windows 7 操作系统中，要将当前屏幕的内容拷入剪贴板，应使用(　　)。

A. Alt+Print Screen　　B. Ctrl+ Print Screen

C. Ctrl+P　　D. Print Screen

【判断题】

1. 在 Windows 7 操作系统中，关闭应用程序只能用 Alt+F4 键。(　　)

2. 在 Windows 7 中，默认库被删除后可以通过恢复默认库进行恢复。(　　)

3. 在 Windows 7 中，默认库被删除了就无法恢复。(　　)

4. 在 Windows 7 中，应用程序菜单中的命令变灰时，说明该命令在当前不能执行。(　　)

5. 正版 Windows 7 操作系统不需要安装安全防护软件。(　　)

6. 任何一台计算机都可以安装 Windows 7 操作系统。(　　)

7. 安装安全防护软件有助于保护计算机不受病毒侵害。(　　)

8. 在 Windows 7 操作系统下删除一个子目录，该目录下所有文件都将被删除。(　　)

9. 任务栏总是在屏幕的底部，其位置不能改变，而大小可以改变。(　　)

10. 回收站对防止误删除文件没有保护作用。(　　)

11. 鼠标定位到某个对象后，单击鼠标左键，可启动一个程序或打开一个窗口。(　　)

12. 在 Windows 7 操作系统的“资源管理器”窗口中，为了使具有系统和隐藏属性的文件或文件夹不显示出来，首先应进行的操作是选择工具菜单中的“文件夹选项”。(　　)

13. 正版 Windows 7 操作系统不需要激活即可使用。(　　)

14. Windows 7 家庭普通版支持的功能最少。(　　)

15. 在 Windows 7 的各个版本中，支持的功能都一样。(　　)

16. 在 Windows 7 操作系统中不能在屏幕上同时打开多个窗口。(　　)

17. 回收站的内容不可以恢复。(　　)

18. 在 Windows 7 环境中只能靠鼠标操作。(　　)

19. 被删除的文件一定能在回收站中找到。(　　)

20. 在 Windows 7 的文件名中可以使用空格。(　　)

【填空题】

1. 在 Windows 7 中，单击(　　)按钮，可使窗口充满整个屏幕。

2. 在 Windows 7 的对话框中，可供用户对互斥类信息姿态进行选择的按钮称为(　　)按钮。

3. 在 Windows 7 的下拉菜单中，(　　)命令字代表当前不可执行命令。

4. 在 Windows 7 的下拉菜单中，命令字后带一个黑色箭头标志，表示该命令包含(　　)菜单。

5. 资源管理器是对连接在计算机上的(　　)、网络服务资源和计算机配置系统进行管理的集成工具。

6. 在资源管理器的文件夹操作中，“展开”与(　　)互为逆向操作。

7. 文件通配符包括“*”和(　　)。

8. 记事本程序主要用于处理(　　)文件。

9. 系统还原是以(　　)为基础的。

10. 回收站是(　　)文件存放的容器。

11. 在对文档进行修改后，既要保存修改后的内容，又不想改变原文档的内容，此时可以使用“文件”菜单中的(　　)命令。

12. 在某个文档窗口中进行了多次剪切操作，并关闭了该文档窗口后，剪贴板中的内容为(　　)。

13. 在 Windows 7 中，删除操作并非将删除的文件真正删除，而是将它们放入(　　)中，但对于软盘上的文件将执行(　　)。

14. 在 Windows 7 屏幕上显示的所有窗口中，只有一个窗口是(　　)窗口。

15. 单击(　　)上的按钮就可以快速地在已运行的程序之间切换。

16. 在安装 Windows 7 的最低配置中，内存的基本要求是(　　)GB 及以上可用空间。

17. Windows 7 有四个默认库，分别是视频、图片、(　　)和音乐。

18. 要安装 Windows 7，系统磁盘分区必须为(　　)格式。

19. 在安装 Windows 7 的最低配置中，硬盘的基本要求是(　　)GB 及以上可用空间。

20. 在 Windows 7 操作系统中，“Ctrl＋V”是(　　)命令的快捷键。

21. Windows 7 操作系统允许同时运行(　　)个应用程序。

22. 关闭 Windows 7 相当于关闭(　　)。

23. 启动 Windows 7 后，首先显示(　　)。

24. 鼠标的基本操作有单击、双击、(　　)和拖曳。

25. 在 Windows 7 中，单击非活动窗口的任意部分，即可切换该窗口为(　　)窗口。

26. 在“资源管理器”中，复制一批文件可以使用“编辑”菜单的(　　)命令和粘贴命令才能完成。

27. 在 Windows 7 操作系统中，可实现将选定的信息送到剪贴板的操作有(　　)、(　　)。

28. Windows 7 的(　　)和(　　)两个应用程序提供了对文件和文件夹的管理。

29. 在 Windows 7 操作系统中，通常把窗口、图标、对话框等工作项所在的屏幕背景叫做(　　)。

30. 在“资源管理器”中，对于文件的操作一般分为查找、(　　)、(　　)、(　　)和(　　)。

第3章

文字处理软件 Word 2010

考纲扫描

(1)掌握 Word 2010 的基本知识、功能与特点、窗口的组成、运行环境。

(2)掌握 Word 2010 文档的创建、保存、打开、关闭,文档的编辑、排版、输出。

(3)掌握表格制作和使用,复合文档的使用(图片、艺术字、公式)。

3.1 Word 2010 的基本概念

❀ 精讲点拨

知识点1 Word 2010 的功能与特点:

◇ 操作界面直观友好;

◇ 所见即所得;

◇ 多媒体混排;

◇ 强大的文字处理能力;

◇ 兼容性强;

◇ 自动功能与智能;

◇ 帮助功能。

知识点2 Word 2010 的窗口组成,如图 3-1 所示。

◇ 标题区:快速访问工具栏、标题栏、窗口控制栏。

◇ 功能区:选项卡栏(共有 8 个选项卡)和若干组工具栏。

◇ 文档窗口:标尺、滚动条、文档编辑区。

◇ 视图栏:视图切换栏和视图显示比例滑块。

◇ 状态栏。

知识点3 标尺,如图 3-2 所示。

◇ 标尺可用于调整文本段落的缩进,通过拖动如图 3-2 所示的标记可以使文本的格式作出相应调整。

◇ 标尺分为水平标尺和垂直标尺两种。只有在页面视图模式下,才能同时显示这两种标尺。

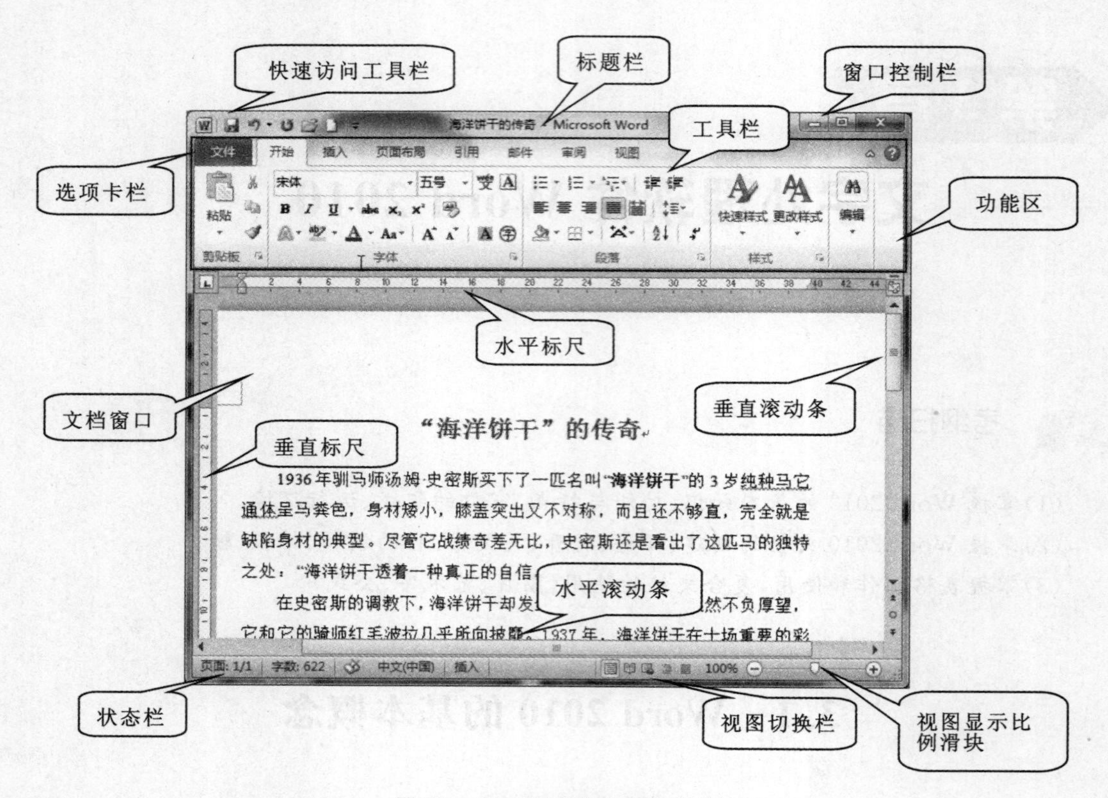

图 3-1　Word 2010 的窗口组成

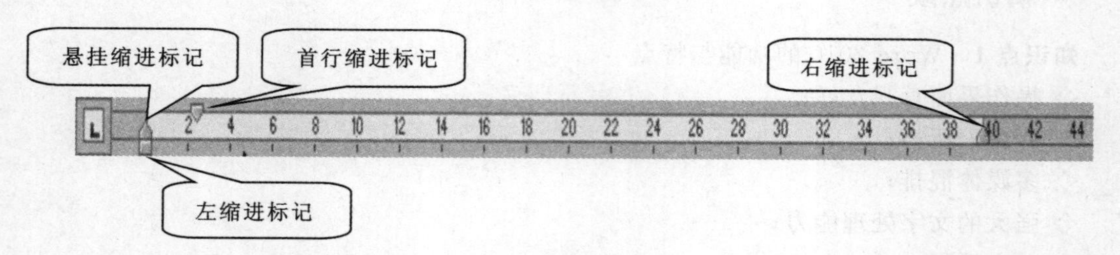

图 3-2　标尺

◇ 标尺上各标记的功能如下。

①左缩进标记，用于调整段落的左缩进量；②右缩进标记，用于调整段落的右缩进量；③悬挂缩进标记，可用于设置段落的悬挂缩进；④首行缩进标记，可用于设置段落的首行缩进。

知识点 4　Word 2010 的视图模式、特点及适用操作，如表 3-1 所示。

表 3-1　Word 2010 的视图模式、特点及适用操作

视图模式	特　点	适用操作
页面视图	所见即所得	适合进行整个文档的排版设计
阅读版式视图	便于阅读	主要利于文档的阅读，也可输入和编辑文本
Web 版式视图	可编辑用于网站发布的文档	适合处理 Web 网页
大纲视图	方便查看文档的层次结构	适合建立大纲、组织文档
普通视图	能快速输入和编辑文字	适合编辑纯文本的内容

❖ 例题解析

【单选题】

1. 在 Word 2010 中，水平标尺左边的矩形块标记代表（　　）。

A. 段落左端缩进　　B. 段落右端缩进

C. 段落首行左缩进　　D. 段落悬挂缩进

［答案］ A

［解析］ 水平标尺左边的倒三角标记代表首行缩进，左边的正三角标记代表悬挂缩进，左边的矩形块标记代表左缩进，右边的正三角标记代表右缩进。

2. 统计一篇 Word 2010 文档的字数，可以选择（　　）选项卡下的“字数统计”命令。

A. 开始　　B. 插入　　C. 视图　　D. 审阅

［答案］ D

［解析］ 略。

【判断题】

1. 在使用 Word 2010 文本编辑软件时，可在标尺上直接进行段落首行缩进的操作。（　　）

［答案］ √

［解析］ 利用标尺的各标记可以调整段落的缩进量。其中，用鼠标拖动首行缩进标记，可以直接进行段落首行缩进的设置。

✻ 巩固练习

【单选题】

1. 在 Word 2010 中，水平标尺左边顶部的倒三角标记代表（　　）。

A. 段落左端缩进　　B. 段落右端缩进

C. 段落首行左缩进　　D. 段落悬挂缩进

2. 在 Word 2010 编辑状态下，可以显示页眉/页脚的是（　　）。

A. Web 版式视图　　B. 大纲视图

C. 页面视图　　D. 阅读版式视图

3. 在 Word 2010 中，下面哪个视图方式是默认的视图方式？（　　）

A. 页面视图　　B. 大纲视图

C. Web 版式视图　　D. 阅读版式视图

4. 在 Word 2010 中使用标尺可以直接设置段落缩进，标尺左边的正三角形标记代表（　　）。

A. 首行缩进　　B. 悬挂缩进　　C. 左缩进　　D. 右缩进

5. 在 Word 2010 环境中，不能显示标尺的视图方式是（　　）。

A. 大纲视图　　B. 页面视图

C. Web 版式视图　　D. 普通视图

【巩固练习答案】

［单选题］ 1. C　2. C　3. A　4. B　5. A

3.2 Word 2010 的基本操作

3.2.1 文档的创建与编辑

※ 精讲点拨

知识点 1 新建文档：

◇ 新建文档的方法：

①利用文件选项卡的“新建”菜单项；②利用“自定义快速访问工具栏”的“新建”按钮，如图3-3 所示。

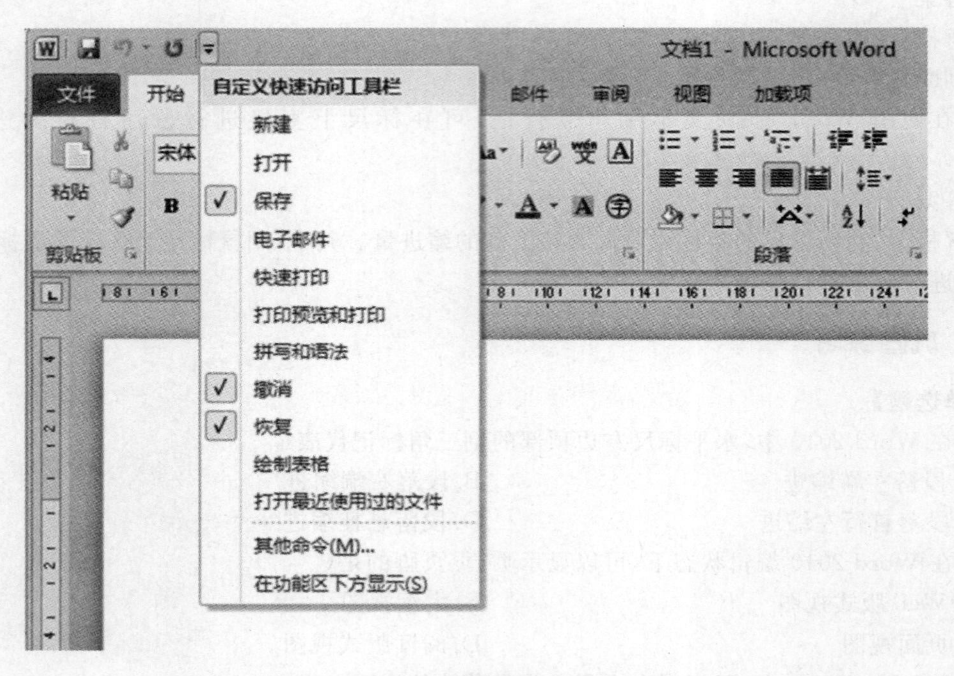

图 3-3 “自定义快速访问工具栏”菜单

◇ 新建文档的注意事项：

①注意区别两种方法的异同；②一次只能新建一个文档，不能新建多个文档。

知识点 2 保存文档：

◇ 保存文档的方法：①利用“文件”选项卡的“保存”菜单项；②利用“自定义快速访问工具栏”的“保存”按钮；③利用快捷组合键“Ctrl＋S”。

◇ 另存文档的方法：“文件”→“另存为”命令。

◇ 保存文档的三个要点：①确定文档的保存位置；②选择正确的文档保存类型；③输入正确的文件名，无须添加扩展名。

知识点 3 打开/关闭文档：

◇ 打开文档的方法：①利用“文件”选项卡的“打开”菜单项；②利用“自定义快速访问工具

栏”的“打开”按钮；③找到文件保存的位置，直接双击打开。

◇ 关闭文档的方法：①利用“文件”选项卡的“关闭”菜单项（但不会退出 Word 2010 应用程序窗口）；②利用窗口右上角的“关闭”按钮（同时会退出 Word 2010 应用程序窗口）；③利用“文件”选项卡的“退出”菜单项（同时会退出 Word 2010 应用程序窗口）。

知识点 4　利用键盘定位光标的几个常用键，具体常用键名称及功能如表 3-2 所示。

表 3-2　常用键名称及功能

键名/组合键名	具体功能
←	将插入点左移一个字符
→	将插入点右移一个字符
↑	将插入点上移一行
↓	将插入点下移一行
Home	将插入点移动到所在行行首
End	将插入点移动到所在行行尾
Page Up	将插入点上移一屏
Page Down	将插入点下移一屏
Ctrl+ Home	将插入点移动到文档的开头
Ctrl+ End	将插入点移动到文档的末尾
Ctrl+ Page Up	将插入点移动到上页的顶端
Ctrl+ Page Down	将插入点移动到下页的顶端

知识点 5　录入文本：

◇ 输入中文时，标点符号采用中文方式输入；输入西文时，标点符号则采用西文方式输入。

◇ 输入西文字母或单词时，最好采用半角（西文方式）。

◇ 输入特殊符号，可单击“插入”功能区中“符号”分组的“符号”按钮，在弹出的菜单中选择“其他符号”。

知识点 6　选定文本：

◇ 选定一个单词：用鼠标直接双击待选定文本。

◇ 选定一句：按住 Ctrl 键单击待选定的句子。

◇ 选定一行：将鼠标指针移到目标行左边的选定栏，如图 3-4 所示，当鼠标指针变为向右倾斜的箭头时单击。

◇ 选定一段文本：①将鼠标移到目标段落左侧的选定栏中，然后双击；②将鼠标指向目标段落，连续单击三次。

◇ 选定任意连续文本：①利用鼠标选定，将鼠标指向待选定文本的起始位置，然后按住鼠标左键拖动；②利用键盘，将“插入点”设置在起始位置，然后按住 Shift 键，在结束位置处单击。

◇ 选定整个文本：①利用快捷键“Ctrl+A”；②将鼠标移到选定栏任意位置，然后三击。

◇ 选定一矩形块文本：按住 Alt 键，然后拖动鼠标选定文本。

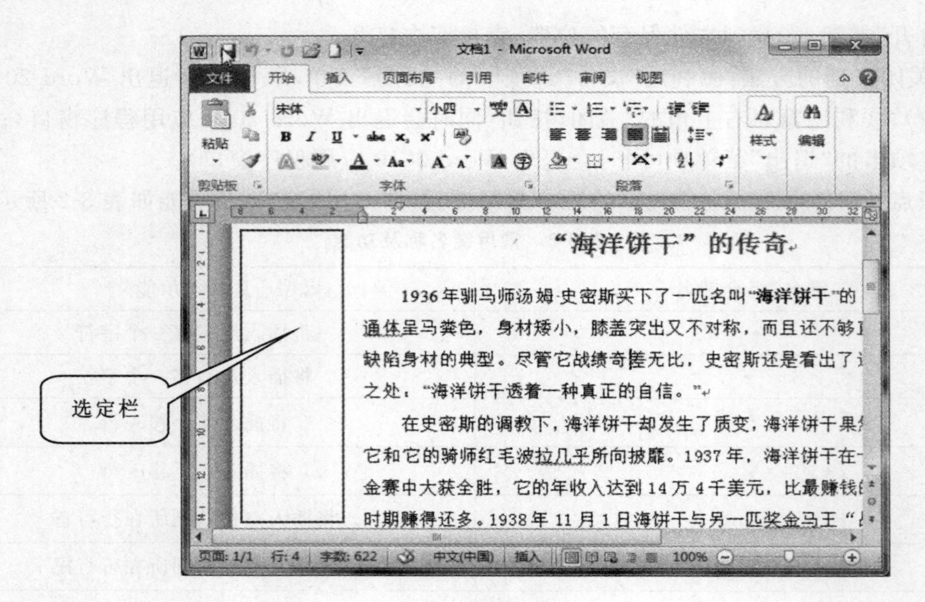

图 3-4 选定栏

知识点 7 插入/改写文本：

◇ 插入状态与改写状态的切换：①直接用鼠标单击“状态行”的“插入”或“改写”；②利用键盘上的 Insert 键。

◇ 插入与改写的步骤：首先确定并选择“插入”状态或“改写”状态，然后定位光标，输入文本。

知识点 8 移动/复制文本：

◇ 利用鼠标拖动：选定要移动或复制的内容，然后将鼠标指针指向选定的内容。若是移动文本，直接按住鼠标左键拖动到目标位置；若是复制文本，拖动的同时必须按住 Ctrl 键。

◇ 利用剪贴板：选定要移动或复制的文本，选择“剪切”命令或“复制”命令，将其粘贴到目标位置。

知识点 9 删除文本：

◇ 删除单个字符：按 Backspace 键删除光标前的字符，按 Delete 键删除光标后的字符。

◇ 删除文字块：选定目标文本，按 Backspace 键或 Delete 键删除。

知识点 10 撤销/恢复文本：

◇“撤销”是取消上一步的操作结果，“恢复”则是将撤销的操作恢复。在编辑文档的过程中，如发生一些误操作，可以利用 Word 2010 提供的撤销与恢复功能。

◇ 撤销文本：可以利用“自定义快速访问工具栏”的“撤销键入”按钮，或利用快捷键“Ctrl＋Z”。

◇ 恢复文本：可以利用“自定义快速访问工具栏”的“恢复键入”按钮，或利用快捷键“Ctrl＋Y”。

知识点 11 查找/替换文本：

◇ 查找：可以在“开始”功能区的“编辑”分组中单击“查找”按钮，或利用快捷键“Ctrl＋F”打开“查找和替换对话框”（此时对话框已定位到“查找”选项卡）。

◇ 替换：可以在“开始”功能区的“编辑”分组中单击“替换”按钮，或利用快捷键“Ctrl＋H”

打开“查找和替换对话框”(此时对话框已定位到“替换”选项卡)。

❖ 例题解析

【单选题】

1. 在 Word 2010 中，将文档的部分内容从原处复制到目的处，最后一步的操作是(　　)。

A. 粘贴　　B. 剪切　　C. 复制　　D. 刷新

[答案]　A

[解析]　首先选定要复制的文本，然后选择“复制”命令，最后将其粘贴到目标位置。

2. 在编辑 Word 2010 文档时，将光标移到文档左侧的空白区域，当光标变成 时，连续三次快速点击鼠标左键，可以选中(　　)。

A. 当前行　　B. 当前段　　C. 整篇文档　　D. 文档标题

[答案]　C

[解析]　选定整个文本：①利用快捷组合键“Ctrl＋A”；②将鼠标移到选定栏任意位置，然后三击。

【判断题】

1. 在编辑 Word 2010 文档时，将光标移到了文本选定区，三击鼠标左键可选定鼠标指向的段落。(　　)

[答案]　√

[解析]　选定一段文本：①将鼠标移到目标段落左侧的选定栏中，然后双击；②将鼠标指向目标段落，连续单击三次。

【填空题】

1. 在 Word 2010 中，完成“复制”操作的快捷组合键是(　　)。

[答案]　Ctrl＋C

[解析]　“剪切”操作的快捷键是“Ctrl＋X”，“粘贴”操作的快捷键是“Ctrl＋V”。

✲ 巩固练习

【单选题】

1. 把网页上选中的含有图片的内容复制到“剪贴板”，然后粘贴到“记事本”窗口中，再选中“记事本”中的所有内容，复制到 Word 2010 中，这时得到的是(　　)。

A. 保留了网页上原有格式和内容的字符块

B. 仅保留网页上原有格式，不保留图片的字符块

C. 不保留网页上原有格式，但保留图片的字符块

D. 不保留网页上原有格式，不保留图片的纯文字字符块

2. 在编辑 Word 2010 文档时，反复按(　　)键，可以使状态栏上“插入”和“改写”之间来回切换，从而使文字编辑在“插入”与“改写”之间来回切换。

A. Home　　B. End　　C. Insert　　D. Num Lock

3. 在编辑 Word 2010 文档时，能将光标快速移动到整篇文章末尾的快捷键是(　　)。

A. Home　　B. End　　C. Ctrl＋End　　D. Page Down

4. 使用文字处理软件 Word 2010 编辑文件时，将文档中所有地方的“E-mail”替换成“电子邮件”，应使用的功能区是(　　)。

A."开始"　　B."视图"　　C."插入"　　D."页面布局"

5. 在使用 Word 2010 编辑文档时，插入点位置是很重要的，因为文字的增删都将在此处进行，请问插入点的形状是(　　)。

A. 手形　　B. 箭头形　　C. 闪烁的竖条形　　D. 沙漏形

【判断题】

1. 在编辑 Word 2010 文档时，如果用户要删除选定的文本块，可以按 Delete 键或 Backspace 键。(　　)

【巩固练习答案】

[单选题] 1. D　2. C　3. C　4. A　5. C

[判断题] 1. √

3.2.2　文档的排版与输出

❊ 精讲点拨

知识点 1　字符格式化相关术语：

◇ 字符格式化包括字体、字号、字形、字体颜色、字符间距等的设置。

◇ 字体是指字符的形体。在 Word 2010 文档中，中文字体默认设置为宋体，英文字体默认设置为 Times New Roman。

◇ 字号是指字符的尺寸大小。在 Word 2010 文档中，无论是中文还是英文，默认大小设置均为五号。

◇ 字形是附加的字符形体属性。在 Word 2010 文档中，中英文默认设置均为常规。

知识点 2　字符格式设置方法：

◇ 利用"开始"功能区的"字体"分组中的相关功能按钮进行快速设置。

◇ 利用"字体"对话框进行设置：在"开始"功能区的"字体"分组中单击显示"字体"对话框的按钮，打开的"字体"对话框如图 3-5 所示。选择"字体"选项卡，可设置字体、字形、字号、颜色等格式；选择"字符间距"选项卡，可设置字符缩小与放大的比例、字符间的距离和位置等。

◇ 利用"格式刷"工具进行设置：①选中要进行某种格式设置的文本，若将格式应用到某一对象，则在"开始"功能区的"剪贴板"分组中单击"格式刷"按钮，移动鼠标至目标文本的开头，按下鼠标拖动至文本末尾即可。②选中要进行某种格式设置的文本，若要将格式应用到位置不同的多个对象，则在"开始"功能区的"剪贴板"分组中双击"格式刷"按钮，然后将格式复制到每个目标对象，最后再次单击"格式刷"按钮取消其作用。

知识点 3　段落对齐方式与缩进方式：

◇ 段落对齐方式：①五种段落对齐方式：两端对齐、左对齐、居中对齐、右对齐和分散对齐。②段落对齐方式设置：利用"开始"功能区的"段落"分组中的功能按钮进行设置，或者利用"段落"对话框进行设置，如图 3-6 所示。③Word 2010 文档默认的对齐方式是两端对齐。

◇ 段落缩进方式：①四种段落缩进方式：左缩进、右缩进、首行缩进和悬挂缩进。②段落缩进方式设置：利用标尺进行设置；利用段落对话框进行设置。

知识点 4　行间距与段间距：

◇ 行间距是指同一段落中行与行之间的距离；段间距是指相邻两个段落间的距离。

◇ 行间距与段间距设置：利用"段落"对话框进行设置。

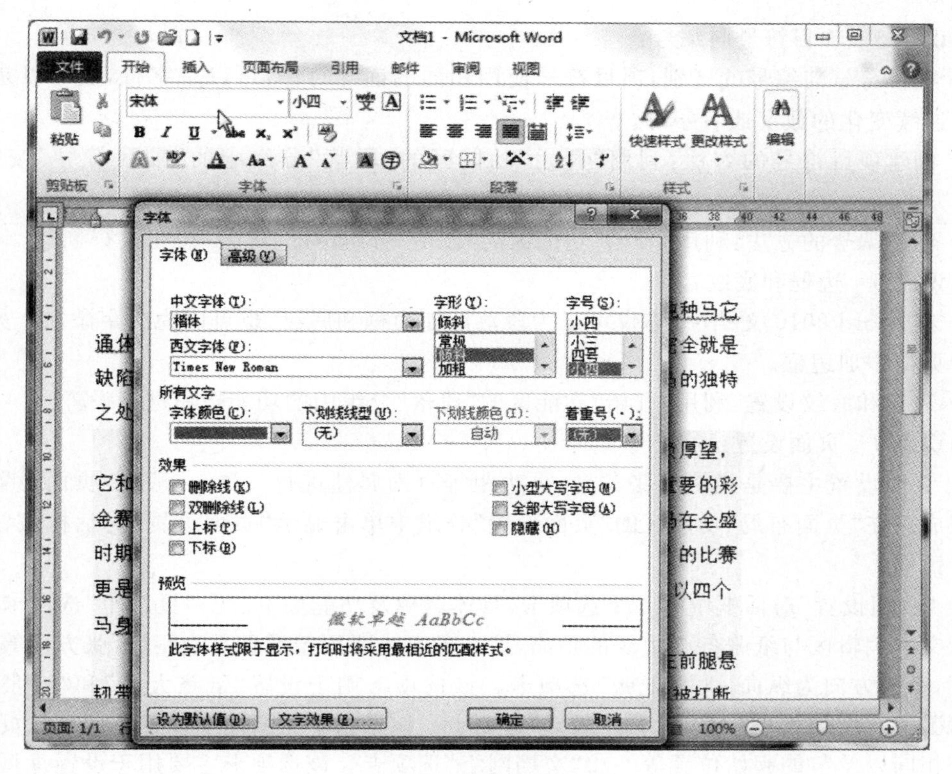

图 3-5　“字体”对话框

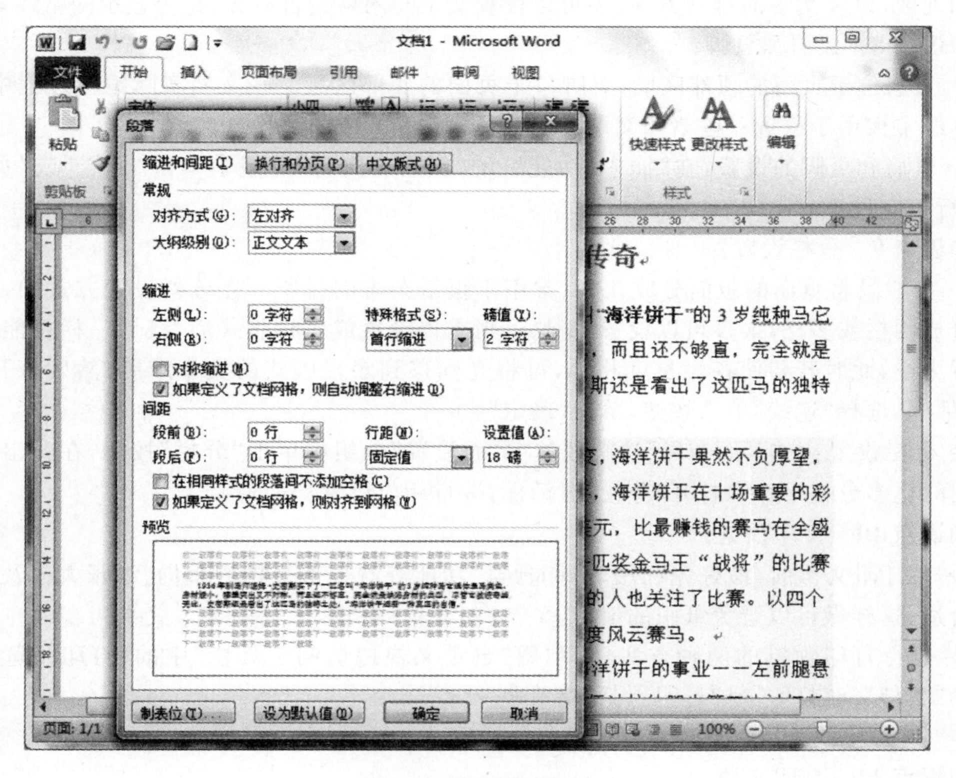

图 3-6　“段落”对话框

知识点 5　项目符号与编号：

◇ 项目符号与编号的区别：项目符号使用相同的前导符号，可以是字符，也可以是图片；编号是连续变化的数字或者字母。

◇ 创建项目符号的方法：利用“开始”功能区的“段落”分组中的“项目符号”按钮进行创建。

◇ 创建编号的方法：利用“开始”功能区的“段落”分组中的“编号”按钮进行创建。

知识点 6　边框和底纹：

◇ 在 Word 2010 文档中，不仅可以为段落添加边框和底纹，也可以为文字添加。另外，还可以给页面添加边框。

◇ 边框和底纹设置：利用“开始”功能区的“段落”分组中的功能按钮进行设置。

知识点 7　页面设置：

◇ 页面设置主要是指对纸张类型、页边距等页面属性进行设置，一般在“页面设置”对话框中完成。在“页面布局”功能区的“页面设置”分组中单击显示“页面设置”对话框按钮，可打开该对话框。

◇ “页面设置”对话框中有 4 个选项卡，具体名称及功能如下。①“页边距”选项卡。页边距是指文本编辑区与纸张各个边缘的距离，该选项卡主要用于设置页边距、纸张方向等。默认情况下，纸张方向为纵向。②“纸张”选项卡。该选项卡用于设置“纸张大小”和“纸张来源”。默认情况下，“纸张大小”为 A4。③“版式”选项卡。该选项卡主要用于设置奇偶页的页眉和页脚是否相同以及节的起始位置等。④“文档网络”选项卡。该选项卡主要用于设置每页固定的行数和列数，以及文字的排列方向，还可以设置文字与网格是否对齐、是否显示网格线等。

知识点 8　页眉和页脚：

◇ 页眉位于页面的顶部区域，页脚位于页面的底部区域。在文档实际编辑过程中，页眉和页脚经常被用于放置一些诸如文章标题、页码、日期和时间等信息。

◇ 页眉和页脚的设置：在“插入”功能区的“页眉和页脚”分组中单击“页眉”或“页脚”按钮，进行相应设置。

知识点 9　分栏设置：

◇ 分栏是将页面的版面分成几栏，常用于报纸杂志的排版。在分栏设置方式中，可以将版面分成两栏或多栏，最多可以设置 11 栏。当文档设置成多栏版式后，最后一栏可能不是满栏或者为空，此时若要使各栏长度相等，可将光标移到多栏版式的文本末尾，然后打开“分隔符”对话框，选择“连续”单选按钮，单击“确定”。

◇ 分栏设置：在“页面布局”功能区的“页面设置”分组中单击“分栏”按钮，在弹出的菜单中，选择“更多分栏”命令，打开“分栏”对话框，进行相应设置。

知识点 10　打印预览：

◇ 在打印文档前，最好先利用“打印预览”功能查看一下文档的布局、纸张大小及页边距是否合适，这样做可以避免纸张的浪费。

◇ 执行打印预览的两种方法：①利用“自定义快速访问工具栏”中的“打印预览”功能。②选择“文件”→“打印”→“打印预览”菜单命令。

◇ 在“打印预览”窗口中，可以调整显示比例，可以设置多页显示、单页显示等。

知识点 11　打印文档：

◇ 用户要打印文档，可以选择“文件”→“打印”→“快速打印”菜单命令，系统将直接把文档发送到默认打印机，并以用户默认设置打印文档；若要改变打印方式，可以选择“文件”→“打印”菜单命令，打开“打印”对话框，进行相关设置后，单击“确定”按钮进行打印。

◇“打印”对话框主要参数设置说明如下。①选择打印机：用户可以在“打印机”选项组“名称”栏中进行选择。②选择打印范围：用户可以在“页面范围”选项组中选择要打印的页面。若选择“全部”单选按钮，打印的是整个文档；若选择“当前页”单选按钮，打印的是光标所在的页面；若要打印指定页面，可选择“页码范围”单选按钮，输入相关页码进行打印，输入页码的规则是用符号“,”指定不连续的页，用符号“-”指定连续页。例如，“1,3”表示第 1 页和第 3 页，而“1,3,5-9”表示第 1 页、第 3 页、第 5 页到第 9 页。③打印份数设置：用户可以在“副本”区域中的“份数”栏中选择打印份数。

❖ 例题解析

【单选题】

1. 在 Word 2010 的编辑状态，若要调整文档版面的左右边界，比较直接、快捷的方法是使用(　　)。

A. 工具栏　　B. 格式栏　　C. 选项卡　　D. 标尺

[答案]　D

[解析]　利用标尺来调整文本版面的边界，可以通过鼠标拖动快速实现。

2. 在 Word 2010 中，项目符号和编号主要用于(　　)。

A. 增加段落间的层次感　　B. 属性显示标题

C. 突出显示某些项目　　D. 进行自动编号

[答案]　A

[解析]　略。

【判断题】

1. 页边距的设置只影响当前页或选定文字所在的页。(　　)

[答案]　×

[解析]　页边距的设置不只影响当前页，而是会对文档的每一页造成同样的影响。

【填空题】

1. 要想打印出当前文档中的 5,9,12 到 20 页，应该在“打印”对话框的“页码范围”中输入(　　)。

[答案]　5,9,12-20

[解析]　这里要特别注意：逗号应该在英文状态下输入，否则，系统无法识别。

✼ 巩固练习

【单选题】

1. 在 Word 2010 中，底纹包括(　　)。

A. 段落底纹和文字底纹　　B. 段落底纹和文字底纹、页面底纹

C. 段落底纹和页面底纹　　D. 文字底纹和页面底纹

2. 在 Word 2010 中，可以使用功能区中的(　　)命令为文档设置页码。

A. 格式　　B. 工具　　C. 编辑　　D. 插入

3. 在 Word 2010 中，实现分栏操作，首先执行的操作是(　　)。

A. 复制　　　　B. 选择　　　　C. 分栏　　　　D. 粘贴

4. 在 Word 2010 文档编辑时，如果不知道一个汉字的汉语拼音，只要选中这个汉字，然后在“开始”功能区的“字体”分组中选择(　　)按钮，就可以打开图 3-7 所示的“拼音指南”对话框。

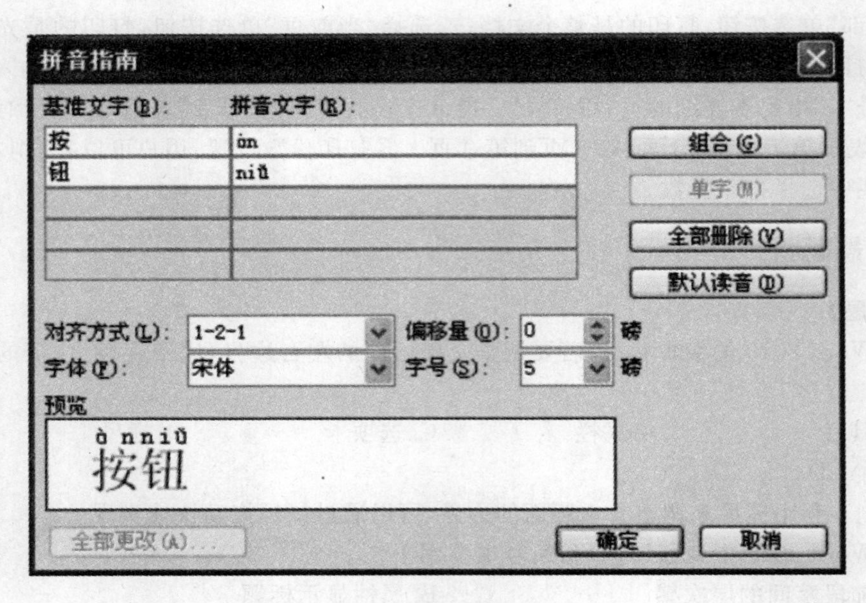

图 3-7　“拼音指南”对话框

A.　　　　B.　　　　C.　　　　D.

5. 在 Word 2010 编辑状态下，格式刷可以复制(　　)。

A. 段落的格式和内容　　　　B. 段落和文字的格式和内容

C. 文字的格式和内容　　　　D. 段落和文字的格式

【判断题】

1. 用户可以同时设置左、右、上、下页边距。(　　)

【巩固练习答案】

[单选题]　1. A　2. D　3. B　4. A　5. D

[判断题]　1. √

3.2.3　复合文档的使用

❀ 精讲点拨

知识点 1　图形处理相关知识：

◇ Word 2010 中主要的图形元素：①剪贴画；②艺术字；③自选图形及用绘图工具绘制的图形；④各种常见格式的图片文件。

◇ 在 Word 2010 中，单击图片，在“图片工具”的“格式”选项卡中，可对图片进行裁剪、旋转设置，也可对图片的形状、边框以及图片效果进行处理。另外，还可设置图片周围的文字环绕方式等。

知识点 2　插入图片：

◇ 插入剪贴画：确定插入的位置，在“插入”功能区的“插图”分组中单击“剪贴画”按钮，在“剪贴画”任务窗格的“搜索文字”框中，输入要查找的某一类剪贴画的关键词，如“老虎”，设置搜索范围后，单击“搜索”按钮，然后在任务窗格下边的列表中单击要插入的剪贴画。

◇ 插入艺术字：在“插入”功能区的“文本”分组中单击“艺术字”按钮，在弹出的菜单中，单击一种合适的艺术字样式，打开“编辑艺术字”对话框，在对话框中输入要设置成艺术字的文字，并选择相应的字体、字号等，单击“确定”按钮。

◇ 插入图片文件：确定插入的位置，在“插入”功能区的“插图”分组中单击“图片”按钮，打开“插入图片”的页面。选择要插入的图片的位置和名称，单击“插入”按钮。

知识点 3　图片的选定、移动与复制：

◇ 图片的选定：单击图片时，图片就会被选定。同时，图片的四周会出现 8 个控点。

◇ 移动图片：要移动图片，可以用鼠标直接拖动图片，也可通过“剪切”“粘贴”操作来实现。

◇ 复制图片：要复制图片，可以按住 Ctrl 键，同时用鼠标拖动图片，或者通过“复制”“粘贴”操作来实现。

知识点 4　缩放图片：

◇ 利用鼠标缩放图片：单击选定图片，把鼠标放到图片的控点上，这时鼠标会变成一个双向的箭头，拖动鼠标可以改变图片的尺寸。

◇ 精确缩放图片：单击选定图片，选择“图片工具”的“格式”选项卡，在“大小”分组中单击显示“大小”对话框的按钮，打开“大小”对话框，选择“大小”选项卡，修改图片的高度与宽度，或修改图片的缩放比例。如果要保证图片的高度和宽度按原始比例缩放，可以选择“锁定纵横比”复选框。

知识点 5　裁剪图片：

◇ 利用鼠标裁剪图片：选定图片，选择“图片工具”的“格式”选项卡，在“大小”分组中单击“裁剪”按钮，将裁剪光标放到控点上拖动。

◇ 精确裁剪图片：选定图片，选择“图片工具”的“格式”选项卡，在“大小”分组中单击显示“大小”对话框的按钮，打开“大小”对话框，选择“大小”选项卡，在“裁剪”区域中设置“上”“下”“左”“右”的值，单击“确定”按钮。

知识点 6　图文混排：

◇ 设置图片和文字的环绕方式：选定图片，选择“图片工具”的“格式”选项卡，在“排列”分组中单击“文字环绕”按钮，可设置图片的环绕方式。

◇ 设置图片属性：选定图片，选择“图片工具”的“格式”选项卡，在“调整”分组中分别选择“亮度”“对比度”“重新着色”，设置的亮度、对比度和色彩模式。

知识点 7　绘制图形：

◇ 在“插入”功能区的“插图”分组中单击“形状”按钮，在弹出的菜单中，单击某种图形按钮，同时鼠标指针将变成“十”字形。在需要新建图形的位置拖动鼠标，生成符合标准的图形后，释放鼠标。

◇ 绘制正方形、圆形：按住 Shift 键，单击“矩形”“椭圆”按钮进行绘制。

知识点 8　编辑图形：

◇ 添加文字：在绘制的图形上单击鼠标右键，从弹出的快捷菜单中选择“添加文字”命令，这时图形中会出现闪烁的光标，输入文字。

◇ 设置颜色与线条：选定图形，单击鼠标右键，从弹出的快捷菜单中选择“设置自选图形格式”命令，打开“设置自选图形格式”对话框，选择“颜色与线条”选项卡，可设置图形线条的线形、颜色，以及给图形内部填充颜色。

◇ 修改图形大小：①利用鼠标操作，选定图形，将鼠标移到图形的控点上，当鼠标变成双向箭头时拖动鼠标；②精确修改，选定图形，单击鼠标右键，从弹出的快捷菜单中选择“设置自选图形格式”命令，打开“设置自选图形格式”对话框，选择“大小”选项卡，输入相应的高度和宽度值等，单击“确定”按钮。

◇ 组合与取消组合：①对象组合，按住 Ctrl 键，选定需组合的各个对象，在其中任意对象的框线上单击鼠标右键，在弹出的快捷菜单中选择“组合”→“组合”命令；②取消组合，选定已组合的对象整体，单击鼠标右键，在弹出的快捷菜单中选择“组合”→“取消组合”的命令。

知识点 9　使用文本框：

◇ 文本框是用于录入文字的一种特殊图形，分为横排文本框和竖排文本框。在文本框中，可以对文字和其他内容单独设置格式、调整文字的方向，文本框的大小和位置也很容易改变。

◇ 插入文本框：①插入普通文本框，在“插入”功能区的“文本”分组中选择“文本框”按钮，然后在弹出的菜单中选择“绘制文本框”命令，这时鼠标会变成一个“十”字形图标，按住鼠标左键拖动即可；②插入内置格式的文本框，在 Word 2010 中，系统还提供了一些内置特殊的格式的文本框。在“插入”功能区的“文本”分组中单击“文本框”按钮，在弹出的菜单中，选择“内置”下面的一种合适的文本框即可。

◇ 设置文本框：①文本框框线设置，选定文本框，单击鼠标右键，从弹出的快捷菜单中选择“设置文本框格式”命令，打开“设置文本框格式”对话框，选择“颜色与线条”选项卡，选择相应的颜色和线条即可；②文本框版式设置，选定文本框，单击鼠标右键，从弹出的快捷菜单中选择“设置文本框格式”命令，打开“设置文本框格式”对话框，选择“版式”选项卡，可以设置环绕方式和水平对齐方式。

知识点 10　公式：

◇ 在一些涉及数学、统计学等的文章中，往往会使用一些复杂的公式，利用 Word 公式编辑器，很容易对其进行操作处理。

◇ 创建公式：在“插入”功能区的“符号”分组中单击“公式”按钮，在弹出的菜单中，选择“插入新公式”，这时会出现“公式工具”的“设计”选项卡，利用选项卡中提供的各种符号、工具等，在公式编辑框中输入、编辑公式。

❖ 例题解析

【单选题】

1. 在 Word 2010 中，图片与文字的环绕方式没有(　　)。

A. 嵌入型　　B. 四周型　　C. 紧密型　　D. 松散型

[答案]　D

[解析]　图片与文字的环绕方式主要有以下几种：嵌入型、四周型、紧密型、上下型、穿越型、浮于文字上方和衬于文字下方。

2. 在 Word 2010 文档或 PowerPoint 2010 电子演示文稿中，插入的.jpg 图片，不能执行的处理是(　　)。

A. 改变大小　　B. 改变对比度　　C. 旋转方向　　D. 改变内容

[答案]　D

[解析]　略。

【判断题】

1. Word 2010 中插入图片的默认环绕方式为四周型。(　　)

[答案]　×

[解析]　Word 2010 中插入图片的默认环绕方式为嵌入型。

【填空题】

1. 在 Word 2010 文档中插入图片,可以直接插入,也可以在文本框或(　　)中插入。

[答案]　图文框

[解析]　略。

✻ 巩固练习

【单选题】

1. 在编辑 Word 2010 文档时,"图片"工具栏上用来进行图片裁剪的工具是(　　)。

A.　　B.　　C.　　D.

2. 在 Word 2010 中,表格计算功能是通过(　　)来实现的。

A. 公式　　B. 函数　　C. 计算器　　D. 电子表格程序

3. 艺术字对象实际上是(　　)。

A. 文字对象　　B. 图形对象

C. 链接对象　　D. 既是文字对象,也是图形对象

4. 在 Word 2010 环境下,在删除文本框时(　　)。

A. 只删除文本框内的文本

B. 只能删除文本框边线

C. 文本框边线和文本都删除

D. 在删除文本框以后,正文不会进行重排

5. 关于 Word 2010 的文本框,下面哪些叙述是正确的?(　　)

A. 文本框内只能是文字、表格等,不能有图形图像

B. 文本框的边框是不能隐藏的

C. 在文档中,正文文字不能和文本框处于同一行

D. 文本框中的文字也允许有多种排版格式,如左对齐、右对齐等

【判断题】

1. 在 Word 2010 文档中插入复杂的数学公式,可以在"插入"功能区的"符号"分组中选择"公式"按钮。(　　)

【巩固练习答案】

[单选题]　1. A　2. B　3. B　4. C　5. D

[判断题]　1. √

3.2.4 表格设计

❀ 精讲点拨

知识点1 表格：

◇ 表格是由若干行和列构成的，行和列分割的一个个小方格称为单元格，单元格内可以输入和编辑文字、插入图片等。

◇ 表格具有清晰直观、信息量大等优点，且 Word 2010 中的表格功能强大，操作方便，因而在文档中经常使用。

知识点2 创建表格：

◇ 快速创建表格：将光标移到要新建表格的位置，然后在“插入”功能区的“表格”分组中单击“表格”按钮，在“插入表格”下面的网格选框中，按住鼠标左键拖动，选择合适的行数和列数，释放鼠标后就会得到相应行数和列数的空白表格。

◇ 利用“插入表格”对话框创建表格：在“插入”功能区的“表格”分组中单击“表格”按钮，选择“插入表格”菜单命令，在弹出的“插入表格”对话框中，在“行数”栏和“列数”栏中输入相应的数字，单击“确定”按钮。

◇ 绘制表格：选择“插入”菜单项，单击“表格”模块的“表格”按钮，在弹出的菜单中选择“绘制表格”命令，这时鼠标会变成一支笔，使我们很容易绘出想要的表格。

知识点3 调整行高和列宽：

◇ 利用鼠标调整：将鼠标指针移到水平表格线(或竖直表格线)上，按住鼠标左键，会出现一条行方向(或列方向)的虚线，这时，拖动鼠标可以改变行高(或列宽)。

◇ 利用菜单命令调整：选定表格，选择“表格工具”的“布局”选项卡，在“单元格大小”分组的“高度”栏(或“宽度”栏)中修改行高值(或列宽值)，然后按回车键即可。

知识点4 插入行和列：

◇ 插入行：将插入点移动到某单元格内，选择“表格工具”的“布局”选项卡，在“行和列”分组中选择“在上方插入行”或“在下方插入行”，就会在插入点所在行的上方或下方插入一个空白表格行。

◇ 插入列：将插入点移动到某单元格内，选择“表格工具”的“布局”选项卡，在“行和列”分组中选择“在左侧插入列”或“在右侧插入列”，就会在插入点所在列的左侧或右侧插入一个空白表格列。

知识点5 删除行和列：

◇ 删除行：选定要删除的行，选择“表格工具”的“布局”选项卡，在“行和列”模块中选择“删除”→“删除行”。

◇ 删除列：选定要删除的列，选择“表格工具”的“布局”选项卡，在“行和列”模块中选择“删除”→“删除列”。

知识点6 合并与拆分单元格：

◇ 合并单元格：选定要进行合并的连续单元格区域(其整体形状必须是规则的矩形)，选择“表格工具”的“布局”选项卡，在“合并”分组中选择“合并单元格”。

◇ 拆分单元格：选定目标单元格，或者将插入点移动到目标单元格内，选择“表格工具”的“布局”选项卡，在“合并”分组中选择“拆分单元格”。

◇ 拆分表格：将插入点移动到表格中的任意单元格内，选择“表格工具”的“布局”选项卡，在“合并”分组中选择“拆分表格”，就会以插入点所在行的顶线为界，将表格拆分成上、下两个表格。

知识点 7　对齐方式及其设置：

◇ 对齐方式：在 Word 2010 中，单元格的内容在水平方向上有“左对齐”“居中”“右对齐”3 种对齐方式，在垂直方向上有“顶端对齐”“居中”“底端对齐”3 种方式，因而，组合起来后共有 9 种对齐方式。

◇ 设置对齐方式：方法一是选定一个或多个单元格，选择“表格工具”的“布局”选项卡，在“对齐方式”分组中选择相应功能的“对齐方式”按钮；方法二是选定一个或多个单元格，单击鼠标右键，在弹出的快捷菜单中，选择“单元格对齐方式”，然后在级联菜单中选择相应功能的“对齐方式”按钮。

知识点 8　边框和底纹的设置：

◇ 设置边框：选定要添加边框的表格或单元格，单击鼠标右键，在弹出的快捷菜单中，选择“边框和底纹”，打开“边框和底纹”对话框，在“边框”选项卡中设置边框的类型、线形、宽度和颜色等。

◇ 设置底纹：选定要添加底纹的表格或单元格，单击鼠标右键，在弹出的快捷菜单中，选择“边框和底纹”，打开“边框和底纹”对话框，在“底纹”选项卡中设置底纹的样式和底纹颜色等。

知识点 9　自动套用格式：

◇ 快速创建套用格式的表格：在“插入”功能区的“表格”分组中选择“表格”→“快速表格”，然后在弹出的级联菜单中选择某种内置格式的表格。

◇ 对已有表格套用格式：选定要套用格式的表格，选择“表格工具”的“设计”选项卡，在“表样式”分组中单击需要的表格样式。

❖ 例题解析

【单选题】

1. 在 Word 2010 中，将表格中的相邻的两个单元格变成一个单元格，在选定这两个单元格后应该执行(　　)命令。

A. 绘制表格　　B. 删除单元格　　C. 合并单元格　　D. 拆分单元格

[答案]　C

[解析]　拆分单元格是将一个单元格拆分成多个，而删除单元格则会将选中的两个单元格都删除掉。

2. 在 Word 2010 中，表格的行高和列宽的调整，可以(　　)。

A. 用鼠标拖动行线和列线　　B. 用鼠标拖动标尺中的分割标记

C. 使用表格属性对话框　　D. 以上都是

[答案]　D

[解析]　略。

【判断题】

1. 在 Word 2010 环境下，若先已将表格的外边框设置成了红色，然后再套用样式，套用样式后表格外边框的颜色仍为红色。(　　)

［答案］ ×

［解析］ 套用样式后，表格外边框的颜色由套用样式决定。

【填空题】

1. 在 Word 2010 中，如果要同时选择表格的第一行和第三行，那么在选择前需要按住(　　)键。

［答案］ Ctrl

［解析］ 略。

✻ 巩固练习

【单选题】

1. 在 Word 2010 表格编辑中，能够使表格被选中各列宽度均匀分布的按钮是(　　)。

A.　　B. 　　C.　　D.

2. 在 Word 2010 中，以下说法正确的是(　　)。

A. 可将文本转换为表格，但表格不能转换为文本

B. 可将表格转换为文本，但文本不能转换为表格

C. 文字和表格可以互相转换

D. 文字和表格不能互相转换

3. 在 Word 2010 中，下面哪个不属于表格在页面中的对齐方式？(　　)

A. 左对齐　　B. 右对齐　　C. 居中对齐　　D. 两端对齐

4. 在 Word 2010 中，要将表格的对齐方式设置为居中对齐，下面哪个可以实现？(　　)

A. “开始”→“段落”中的居中对齐按钮

B. “表格工具”→“布局”→“属性”中的对齐方式

C. 默认就是居中对齐，不用设置

D. A 和 B 都可以

5. 在 Word 2010 环境下，表格和文本是(　　)。

A. 表格中只能是数字　　B. 不能在同一行中混排的

C. 可以混合交叉排版的　　D. 以上都不对

【判断题】

1. 在 Word 2010 中，对表格的单元格进行合并时，只能对同一行中的单元格进行合并。(　　)

【巩固练习答案】

［单选题］ 1. D　2. C　3. D　4. D　5. C

［判断题］ 1. ×

3.3　习 题 集 锦

【单选题】

1. (　　)不能关闭 Word。

A. 双击标题栏左边的“W”图标　　B. 单击标题栏右边的“×”

C. 单击文件选项卡中的关闭　　D. 单击文件选项卡中的退出

2. 在 Word 2010 操作过程中能够显示总页数、节号、页号、页数等信息的是(　　)。

A. 状态栏　　B. 标题栏　　C. 功能区　　D. 编辑区

3. 在 Word 2010 窗口的编辑区,闪烁的一条竖线表示(　　)。

A. 鼠标图标　　B. 光标位置　　C. 拼写错误　　D. 按钮位置

4. 在 Word 2010 页面视图中,要选取一个段落,可在该段落左边的空白区(　　)。

A. 左键单击　　B. 左键双击　　C. 右键单击　　D. 右键双击

5. 在 Word 2010 中,默认的视图方式是(　　)

A. 大纲视图　　B. 页面视图　　C. Web 版式视图　　D. 阅读版式视图

6. 在 Word 2010 的编辑状态下,可以同时显示水平标尺和垂直标尺的视图方式是(　　)。

A. 页面视图　　B. 大纲视图　　C. Web 版式视图　　D. 阅读版式视图

7. 在 Word 2010 编辑状态下,可以显示页眉/页脚的是(　　)。

A. Web 版式视图　　B. 页面视图　　C. 阅读版式视图　　D. 大纲视图

8. 在 Word 2010 文档中,页眉和页脚上的文字(　　)。

A. 不可以设置其字体、字号、颜色等

B. 可以对其字体、字号、颜色等进行设置

C. 仅可设置字体,不能设置字号和颜色

D. 不能设置段落格式,如行间距、段落对齐方式

9. 如果已有页眉或页脚,再次进入页眉页脚区只需双击(　　)就行了。

A. 编辑区　　B. 功能区　　C. 状态栏　　D. 页眉页脚区

10. 在 Word 2010 中,“页面设置”分组在下列哪一选项卡中?(　　)

A. 开始　　B. 插入　　C. 页面布局　　D. 引用

11. 在 Word 2010 中,如果要使文档内容横向打印,在“页面设置”对话框中应选择的标签是(　　)。

A. 文档网格　　B. 页边距　　C. 纸张　　D. 版式

12. 在 Word 2010 中,在页面设置窗口的(　　)标签页可以设置纸张大小。

A. 文档网格　　B. 页边距　　C. 纸张　　D. 版式

13. 在 Word 2010 环境下,为了防止突然断电或其他意外事故而使正在编辑的文本丢失,因此应设置(　　)功能。

A. 重复　　B. 撤销　　C. 自动保存　　D. 存盘

14. 以下关于 Word 2010 打印操作的正确说法为(　　)。

A. 在 Word 2010 开始打印前可以进行打印预览

B. Word 2010 的打印过程一旦开始,中途无法停止打印

C. 打印格式由 Word 2010 本身控制,用户无法调整

D. Word 2010 每次只能打印一份文稿

15. 下列(　　)功能是 Word 2010 不支持的。

A. 将文件设置只读密码　　B. 分栏

C. 生成 Excel 文件　　D. 制表

16. 在 Word 2010 环境下,Word 2010 应用软件(　　)。

A. 只能打开一个文件　　B. 可以打开文本文件和系统文件

C. 可以同时打开多个文件　　D. 最多打开 5 个文件

17. 在 Word 2010 中，想打印 1，3，8，9，10 页，应在“打印范围”中输入（　）。

A. 1，3，8-10　　B. 1、3、8-10　　C. 1-3-8-10　　D. 1、3、8、9、10

18. 在 Word 2010 的编辑状态，打开了“w1. docx”文档，把当前文档以“w2. docx”为名进行“另存为”操作，则（　）。

A. 当前文档是 w1. docx　　B. 当前文档是 w2. docx，并关闭了 w1. docx

C. 当前文档是 w1. docx 与 w2. docx　　D. w1. docx 与 w2. docx 全被关闭

19. 单击“文件”选项卡下“打印”命令下的“打印”按钮，Word 2010 将以（　）方式打印文档。

A. 默认　　B. 设置　　C. 打印内容　　D. 以上都对

20. Word 2010 在保存文件时自动增加的扩展名是（　）。

A. txt　　B. docx　　C. sys　　D. exe

21. 下列关于文档窗口的说法中正确的是（　）。

A. 只能打开一个文档窗口

B. 可以同时打开多个文档窗口，被打开的窗口都是活动窗口

C. 可以同时打开多个文档窗口，但其中只有一个是活动窗口

D. 可以同时打开多个文档窗口，但在屏幕上只能见到一个文档的窗口

22. 在 Word 2010 中，可以用标尺直接设置段落缩进，标尺右边的正三角形标记代表（　）。

A. 首行缩进　　B. 悬挂缩进　　C. 左缩进　　D. 右缩进

23. 在 Word 2010 中，当进行段落格式设置时没有选定段落，则（　）。

A. 该设置对整个文档有效　　B. 该设置只对插入点所在的行有效

C. 该设置只对插入点所在的段落有效　　D. 该设置只对插入点所在的页有效

24. 在 Word 2010 中，若将一篇文章的标题居中显示，应选择的按钮是（　）。

A.　　B.　　C.　　D.

25. 在 Word 2010 中的“字体”对话框中不能设定文字的（　）。

A. 缩进　　B. 颜色　　C. 字符间距　　D. 下划线线型

26. 在 Word 2010 中，“字体”分组属于（　）功能区。

A. 文件　　B. 开始　　C. 引用　　D. 视图

27. 段落标记是在（　）之后产生的。

A. 句号　　B. 按 Enter 键　　C. 按 Shift ＋Enter 键　　D. 输入分页符

28. 下列有关边框和底纹的说法，正确的是（　）。

A. 只能给文字加边框和底纹　　B. 只能给段落加边框和底纹

C. 不能给段落加边框和底纹　　D. 可以同时给文字和段落加边框和底纹

29. 在 Word 2010 环境下，撤销上一步操作的快捷键是（　）。

A. Ctrl＋S　　B. Ctrl＋O　　C. Ctrl＋N　　D. Ctrl＋Z

30. 格式刷的作用是用来快速复制格式，其操作技巧是（　）。

A. 单击可以连续使用　　B. 双击可以使用一次

C. 双击可以连续使用　　D. 右击可以连续使用

31. 在 Word 2010 中欲选定文档中的一个矩形区域,应在拖动鼠标前按(　　)键不放。

A. Ctrl　　B. Alt　　C. Shift　　D. 空格

32. 在 Word 2010 中,选定一行文本的技巧方法是(　　)。

A. 将鼠标箭头置于目标处,单击

B. 将鼠标箭头置于此行的选定栏并出现选定光标单击

C. 用鼠标在此行的选定栏双击

D. 用鼠标三击此行

33. 在 Word 2010 编辑状态下,在同一篇文档内,用鼠标拖动法复制文本时(　　)。

A. 同时按住 Ctrl 键　　B. 同时按住 Shift 键

C. 同时按住 Alt 键　　D. 直接拖动

34. 在 Word 2010 编辑状态下,将剪贴板上的内容粘贴到当前光标处,使用的快捷键是(　　)。

A. Ctrl+X　　B. Ctrl+V　　C. Ctrl+C　　D. Ctrl+A

35. 在 Word 2010 中,将鼠标指针移到文档左侧的选定区并且选定整个文档,则鼠标操作是(　　)。

A. 单击左键　　B. 单击右键　　C. 双击左键　　D. 三击左键

36. 在 Word 2010 中,将整个文档选定的快捷键是(　　)。

A. Ctrl+A　　B. Ctrl+C　　C. Ctrl+V　　D. Ctrl+X

37. 在 Word 2010 的编辑状态,对当前文档中的文字进行替换操作,应当使用的选项卡是(　　)。

A. "开始"选项卡　　B. "插入"选项卡

C. "文件"选项卡　　D. "引用"选项卡

38. 在 Word 2010 编辑状态,可以使插入点快速移到文档首部的组合键是(　　)。

A. Ctrl+Home　　B. Alt+Home　　C. Home　　D. Page Up

39. 在 Word 2010 环境下,如果在编辑文本时执行了错误操作,(　　)功能可以帮助恢复原来的状态。

A. 复制　　B. 粘贴　　C. 撤销　　D. 清除

40. 在 Word 2010 环境下,关于剪切和复制功能叙述不正确的是(　　)。

A. 剪切是把选定的文本复制到剪贴板上,仍保持原来选定的文本

B. 剪切是把选定的文本复制到剪贴板上,同时删除被选定的文本

C. 复制是把选定的文本复制到剪贴板上,仍保持原来的选定文本

D. 剪切操作是借助剪贴板暂存区域来实现的

41. 在 Word 2010 窗口中,当鼠标指针位于(　　)时,指针变成指向右上方的箭头形状。

A. 文本编辑区　　B. 文本区左边的文本选定区

C. 文本区上面的标尺　　D. 文本区中插入的图片或图文框中

42. 在 Word 2010 中,不同文档之间互相复制信息需要借助于(　　)。

A. 剪贴板　　B. 记事本　　C. 写字板　　D. 磁盘缓冲器

43. 在 Word 2010 编辑窗口中要将插入点移到文档末尾可用(　　)。

A. Ctrl+End　　B. End　　C. Ctrl+Home　　D. Home

44. 关于 Word 2010 中分栏说法正确的是(　　)。

A. 只能对鼠标选中的文字进行分栏　　B. 各栏的宽度必须相同

C. 最多可设 4 栏　　D. 各栏的宽度可以自己调节

45. 下面关于首字下沉和分栏的说法中，正确的是（　　）。

A. 对同一段落不能同时设置首字下沉和分栏

B. 对一个段落设置了首字下沉后，该段落就不能进行分栏设置

C. 对同一段落进行首字下沉和分栏，必须先分栏再首字下沉

D. 以上说法都是错误的

46. 在 Word 2010 中，"项目符号"命令用于在（　　）前面添加项目符号。

A. 行　　B. 图形　　C. 段落　　D. 表格

47. 在 Word 2010 文档中使用项目符号和编号是为了（　　）。

A. 增加文档的条理性和层次感　　B. 突出显示标题

C. 突出显示某些项目　　D. 进行自动编号

48. 在 Word 2010 的编辑状态，设置了一个由多个行和列组成的空表格，将插入点定在某个单元格内，用鼠标单击"表格工具"→"布局"→"选择"→"选择行"命令，则表格中被"选择"的部分是（　　）。

A. 插入点所在的行　　B. 插入点所在的列

C. 插入点所在单元格　　D. 整个表格

49. 在 Word 2010 中，执行（　　）命令一定可以使得表格中各行行高相等。

A. 根据内容自动调整表格　　B. 根据窗口自动调整表格

C. 分布行　　D. 分布列

50. 在 Word 2010 环境下，如果想在表格的第 2 行与第 3 行之间插入 1 个空行，下列哪个操作可以实现？（　　）

A. 可以将光标移动到第 2 行最后 1 列表格外，回车后即可

B. 光标放置于第二行任意单元格，在下方插入

C. 光标放置于第三行任意单元格，在上方插入

D. 以上方法都可以

51. 在 Word 2010 环境下，如果先将表格标题行设置成蓝色底纹，然后再去套用表格样式，那么标题行的底纹颜色会变成（　　）。

A. 蓝色　　B. 没有颜色

C. 由套用的样式决定　　D. 白色

52. 在 Word 2010 环境下，下列哪个不能使用表格属性完成？（　　）

A. 行高　　B. 列宽　　C. 表格的对齐方式　　D. 排序

53. 在 Word 2010 表格中，要使得单元格中输入的数据显示在单元格的正中央，应该将单元格对齐方式设置为（　　）。

A. 靠上两端对齐　　B. 靠上居中对齐　　C. 中部居中　　D. 靠下居中

54. 在 Word 2010 环境下，删除单元格时（　　）。

A. 一次只能删除一行　　B. 一次只能删除一列

C. 可以删除多行或多列　　D. 以上都不对

55. 鼠标呈现下列哪种形状可以选定表格？（　　）

A. ⬈　　B. 🖉　　C. ⬇　　D. ⊞

56. 在 Word 2010 中插入图片的默认环绕方式为(　　)。

A. 嵌入型　　B. 紧密型　　C. 浮于文字上方　　D. 四周型

57. 在 Word 2010 环境下,在文本中插入文本框(　　)。

A. 是竖排的　　B. 是横排的

C. 既可以竖排,也可以横排　　D. 可以任意角度排版

58. 使用艺术字体可使文本产生特殊效果,选择“插入”选项卡,然后在(　　)分组下,选择“艺术字”按钮即可启动艺术字体。

A. 图片　　B. 文本　　C. 对象　　D. 图文框

59. 关于 Word 2010 的文本框,下面哪种叙述是正确的?(　　)

A. 文本框内只能是文字、表格等,不能有图形图像

B. 文本框的边框是不能隐藏的

C. 在文档中,正文文字不能和文本框处于同一行

D. 文本框中的文字也允许有多种排版格式,如左对齐、右对齐等

60. 在 Word 2010 环境下,在文本中插入的图像(　　)。

A. 不可以改变位置　　B. 不可以调节大小

C. 只能是位图格式的图片　　D. 可以改变大小、位置

【判断题】

1. 在 Word 2010 中,图片与文字的环绕方式没有松散型。(　　)

2. 在 Word 2010 中,底纹包括段落底纹、文字底纹和页面底纹。(　　)

3. Word 2010 的“自动更正”功能仅可替换文字,不可替换图像。(　　)

4. 在默认状态下的 Word 2010 编辑状态,执行两次“剪切”操作,则剪贴板中仅有第二次被剪切的内容。(　　)

5. 页码的外观不能用“字体”命令改变。(　　)

6. 一行中不能有多于一个的项目编号。(　　)

7. 对话框的大小可以修改。(　　)

8. “页面设置”分组是在“开始”选项卡下。(　　)

9. 在 Word 2010 中,“打开”文档的作用是将指定的文档从外存中读入,并显示出来。(　　)

10. 用户自定义的项目符号既可以是图片,也可以是特殊符号。(　　)

11. “首行缩进”只能使所有段落首行保持统一格式。(　　)

12. Word 2010 的主要功能不包括制作幻灯片。(　　)

13. 在 Word 2010 中,可以使用滚动条移动文档中的字符。(　　)

14. 在 Word 2010 中,不但能方便地先制表后填数据,而且能先录入数据,然后把已有的数据转换成表格。(　　)

15. 在表格里编辑文本时,选择一行或一列后,按 Delete 键就能删除表中的所有文本。(　　)

16. 对组合的图形对象进行修改,需要先将它们取消组合。(　　)

17. 在 Word 2010 中设置文字的动态效果,它只能在屏幕上显示,而无法打印出来。(　　)

18. 在 Word 2010 编辑状态,按先后顺序依次打开了 a. docx、b. docx、c. docx、d. docx 共 4

个文档，当前窗口是文档 a. docx 的窗口。（ ）

19. 在 Word 2010 中，进行中英文之间的快速转换可利用 Ctrl+Space 键盘命令。（ ）

20. Word 2010 中的“格式刷”可用于复制文本或段落的格式，若要将选中的文本或段落格式重复应用多次，应双击格式刷。（ ）

【填空题】

1. 在 Word 2010 中，表格计算功能是通过（ ）来实现的。

2. 在 Word 2010 文稿中插入图片，可以直接插入，也可以在图文框或（ ）中插入。

3. 在 Word 2010 编辑窗口中要将插入点移到文档开头，可用快捷键（ ）。

4. 在 Word 2010 中，要在页面上插入页眉、页脚，应使用（ ）选项卡下的“页眉和页脚”分组中的相关按钮。

5. 将修改后的结果保存到原文档中，文档名不变，应执行（ ）命令。

6. Word 2010 文档中的段落标记是在输入（ ）键之后产生的。

7. Word 2010 文档默认的扩展名是（ ）。

8. 在编辑 Word 2010 文档时，要保存正在编辑的文件但不关闭或退出，则可按快捷组合键（ ）来实现。

9. 选定 Word 2010 的一段文字执行“剪切”操作，那么可以使用“粘贴”操作的次数是（ ）。

10. 在 Word 2010 中，不打印却想查看要打印的文件是否符合要求，可单击（ ）按钮。

11. Word 2010 中仅在（ ）视图方式及打印预览中才能显示分栏效果。

12. 在 Word 2010 中，要对文本执行复制、删除等操作前，首先必须进行（ ）操作。

13. 在 Word 2010 中，将某段文字误删后，可利用“自定义快速访问工具栏”的（ ）按钮恢复到删除前的状态。

14. 在 Word 2010 中绘制矩形时，若按住（ ）键后拖动可以画出一个正方形。

15. 在 Word 2010 编辑状态下，“格式刷”工具能够复制字符和段落的（ ）信息。

16. 在“替换”对话框中，只要单击（ ）按钮，系统就将在文档中找到的“计算机”一词全部自动替换成“电脑”。

17. 在 Word 2010 中，若要选择整篇文档，可以按组合键（ ）实现。

18. 在 Word 2010 中可以通过使用（ ）对话框来添加边框。

19. 要选择光标所在段落，可（ ）该段落。

20. 在 Word 2010 中，如果要选定连续较长的文档内容，可先将光标定位于其起始位置，再按住（ ）键，单击其结束位置即可。

第4章

电子表格处理软件 Excel 2010

考纲扫描

(1)掌握办公自动化操作(Office2010 及以上版本);

(2)掌握电子表格软件 Excel 2010 的基本概念及操作。

4.1 Excel 2010 的基本概念

❊ 精讲点拨

知识点 1 Excel 2010 窗口的基本组成,如图 4-1 所示。

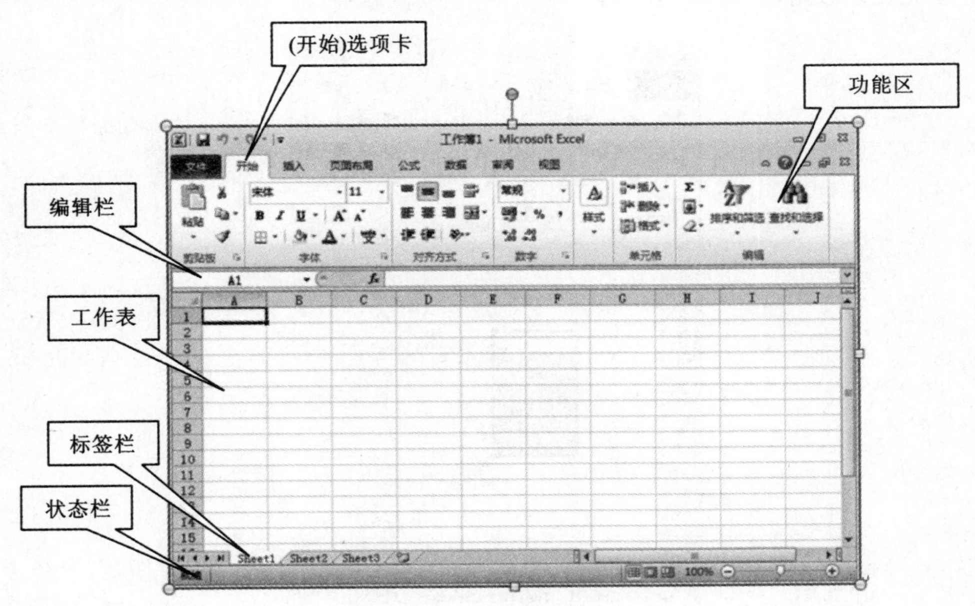

图 4-1 Excel 2010 窗口的基本组成

知识点 2 工作簿、工作表和单元格。

知识点 3 数据输入:

◇ 数值输入,如图 4-2 所示;

◇ 文本输入；
◇ 日期时间输入。

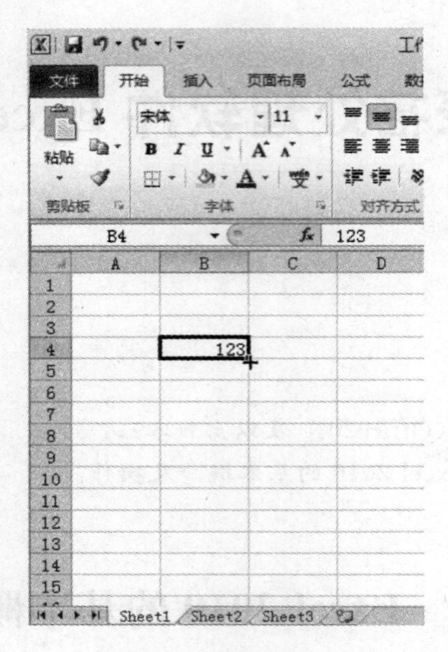

图 4-2　数值输入

知识点 4　数据的成批填充：
◇ 填充简单数据；
◇ 填充复杂数据，如图 4-3 所示；

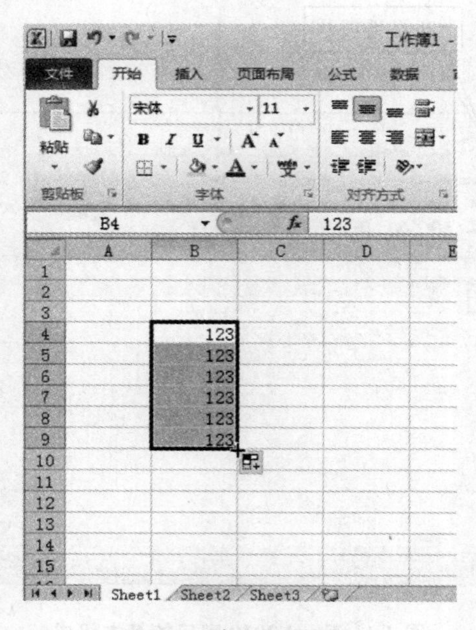

图 4-3　填充复杂数据

◇ 自定义填充序列，如图 4-4、图 4-5 所示。

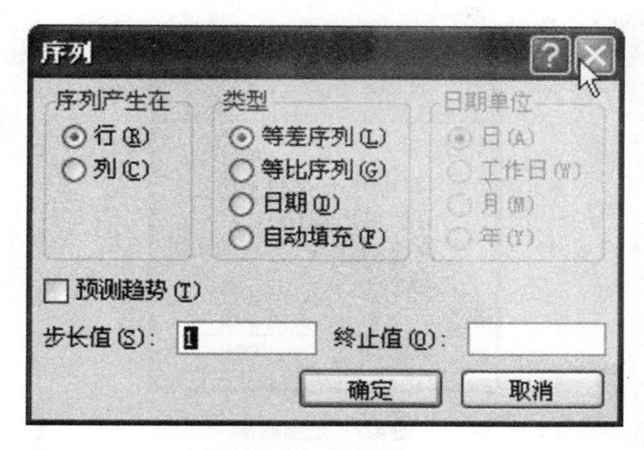

图 4-4　“序列”对话框

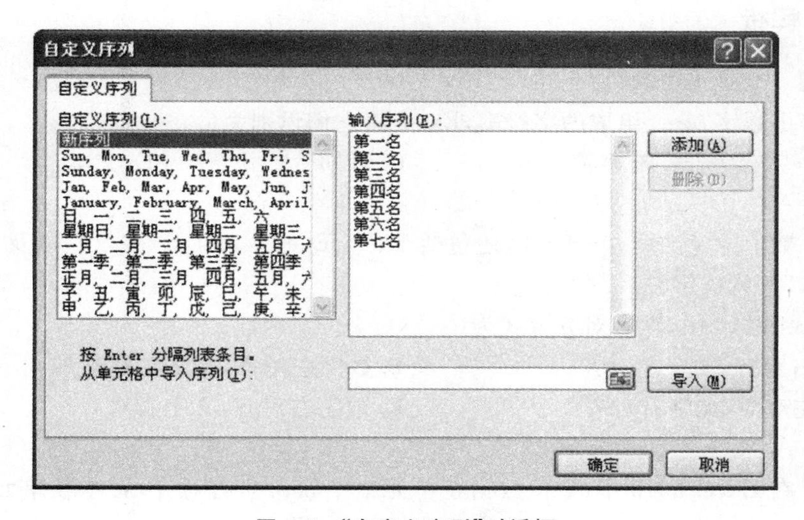

图 4-5　“自定义序列”对话框

知识点 5　数据清除与删除：

◇ 数据清除，如图 4-6 所示；

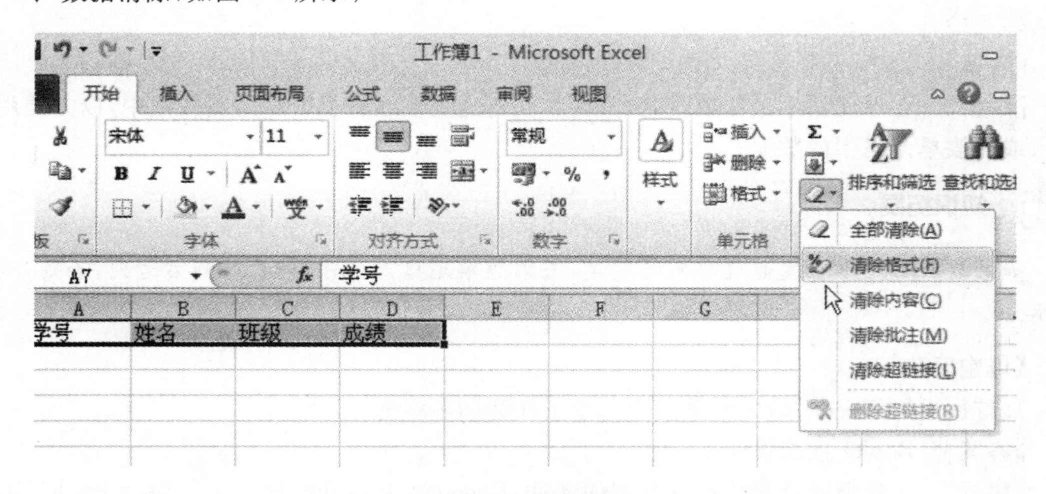

图 4-6　数据清除

◇ 数据删除，如图 4-7 所示。

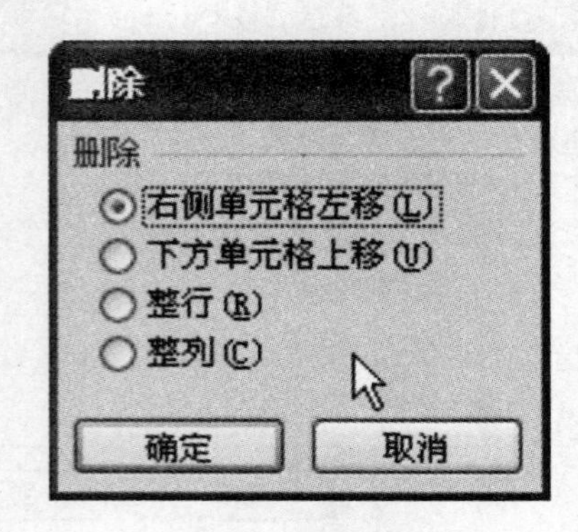

图 4-7　数据删除

❖ 例题解析

【单选题】

1. 对纯粹由数字 0～9 组成的字符串，Excel 将它们识别为(　　)型。

A. 数值　　B. 字符　　C. 日期　　D. 文本

[答案]　A

[解析]　数值除了数字(0～9)外，还包括+、-、E、e、$、%、/、(　　)，以及小数点"."和千分位符号","等特殊字符。

2. 在 Excel 2010 中，默认对齐方式为(　　)。

A. 数字右对齐，文字左对齐　　B. 数字左对齐，文字左对齐

C. 数字左对齐，文字右对齐　　D. 数字右对齐，文字右对齐

[答案]　A

[解析]　在 Excel 2010 中，数值数据在单元格中默认向右对齐，文本在单元格中默认向左对齐。

【判断题】

1. 在 Excel 2010 中，向单元格输入数据时输入的内容将直接显示在单元格内和编辑栏中。(　　)

[答案]　√

[解析]　在单元格中编辑数据时，其内容同时出现在编辑栏右端的编辑框中，以方便用户输入或修改单元格中的数据。

知识拓展

如果输入的文本长度超过单元格宽度，若右边单元格无内容，则扩展到右边列，否则，截断显示。

【填空题】

1. 首次进入 Excel 2010，打开的第一个工作簿的名称为(　　)。

[答案]　Book1 或工作簿 1

[解析]　工作簿是计算机储存数据的文件，Excel 2010 打开的默认工作簿为 Book1，可以

修改其工作簿名。

✲ 巩固练习

【单选题】

1. Excel 2010 将输入的数字当成文本，输入的数字应该以(　　)开头。

A. 单引号　　B. 等号　　C. 一个字母　　D. 星号

2. 在 Excel 2010 中，每个单元格中最多容纳(　　)个字符。

A. 32000　　B. 23000　　C. 256000　　D. 325000

3. 在 Excel 2010 中，若所输入的数据超过单元格的宽度时，显示为(　　)。

A. &　　B. $　　C. *　　D. #

4. 在 Excel 2010 中进行操作时，若某单元格中出现“#VALUE!”的信息时，其含义是(　　)。

A. 在公式单元格引用不再有效　　B. 单元格中的数字太大

C. 计算结果太长超过了单元格宽度　　D. 在公式中使用了错误的数据类型

5. 在 Excel 2010 中进行操作时，若某单元格中出现“#####”的信息时，其含义是(　　)。

A. 在公式单元格引用不再有效　　B. 单元格中的数字太大

C. 计算结果太长超出了单元格宽度　　D. 在公式中使用了错误的数据类型

6. 在某个单元格的数值为 1.235E+05，它与(　　)相等。

A. 1.23405　　B. 1.2345　　C. 6.234　　D. 123400

7. 在一个单元格中若输入了“1/2”，确认后应显示为(　　)

A. 1/2　　B. 1 月 2 日　　C. 0　1/2　　D. 0　5

8. 在一个单元格中若输入了”0　1/2”，确认后应显示为(　　)。

A. 1/2　　B. 1 月 2 日　　C. 0　1/2　　D. 0　5

9. 在 Excel 2010 中，当某一单元显示一排与单元格等宽的“#”时，(　　)的操作必能将其中的数据正确显示出来。

A. 加宽所在列的显示宽度　　B. 改变单元格的显示格式

C. 减少单元格的小数位数　　D. 取消单元的保护状态

【填空题】

1. 在 Excel 2010 中，系统默认新建一个工作簿，则默认的工作表有(　　)个。

2. 在 Excel 2010 中，应在输入的“数字字符串”前添加(　　)符号，以区别“数字”。

【巩固练习答案】

[单选题]　1. A　2. A　3. D　4. D　5. C　6. D　7. B　8. A　9. A

[填空题]　1. 3　2. ’

4.2　Excel 2010 的基本操作

❀ 精讲点拨

知识点 1　工作表的编辑：

◇ 编辑单元格(选取、复制、移动、插入);
◇ 插入、删除和保存工作表;
◇ 移动、复制工作表;
◇ 重命名、隐藏及删除工作表。

知识点 2 格式化工作表,如图 4-8 所示:

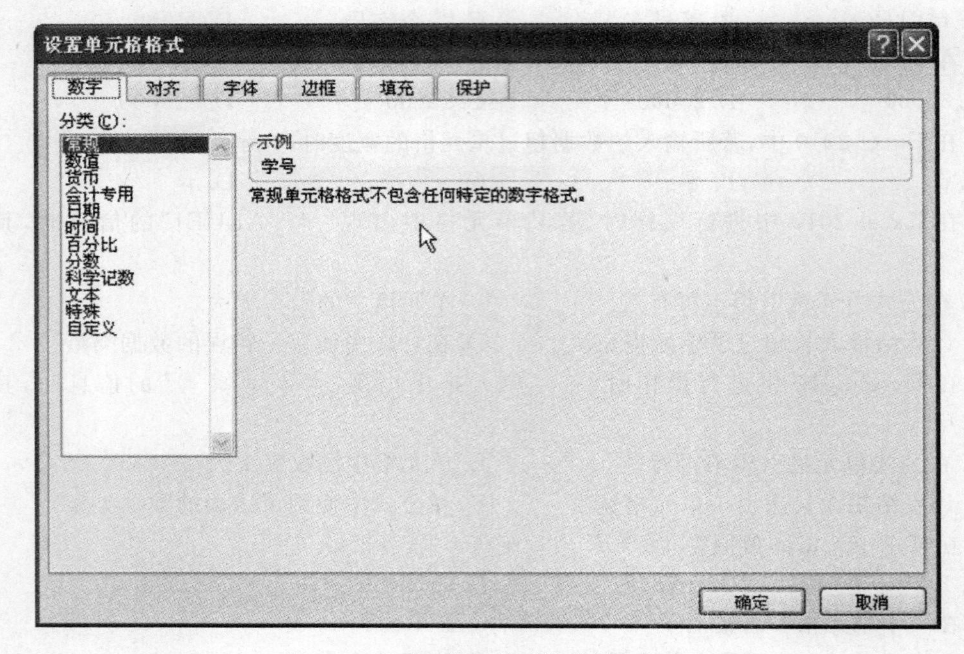

图 4-8 使用单元格样式格式化工作表

◇ 数据格式化;
◇ 设置字体格式;
◇ 设置对齐格式;
◇ 设置边框;
◇ 设置底纹。

知识点 3 公式和函数的运用。

◇ 公式运算符号,如表 4-1 至表 4-3 及图 4-9 所示。

表 4-1 算术运算符

算术运算符	含义(示例)	算术运算符	含义(示例)
＋(加号)	加法运算(5＋5)	/(斜杠)	除法运算(5/5)
－(减号)	减法运算(5－3)	％(百分号)	百分比(50％)
*(星号)	乘法运算(5*5)	^(插入符号)	幂的运算(5^2)

表 4-2 比较运算符

比较运算符	含义(示例)	比较运算符	含义(示例)
比较运算符＝(等号)	等于(A1＝B1)	＞＝(大于等于号)	大于或等于(A1＞＝B1)
＞(大于号)	大于(A1＞B1)	＜＝(小于等于号)	小于或等于(A1＜＝B1)
＜(小于号)	小于(A1＜B1)	＜＞(不等号)	不相等(A1＜＞B1)

表 4-3　引用运算符

引用运算符	含义（示例）
:（冒号）	区域运算符，产生对包括在两个引用之间的所有单元格的引用（B5:B14）
,（逗号）	联合运算符，将多个引用合并为一个引用（SUM(B5:B14,D5:D14)）

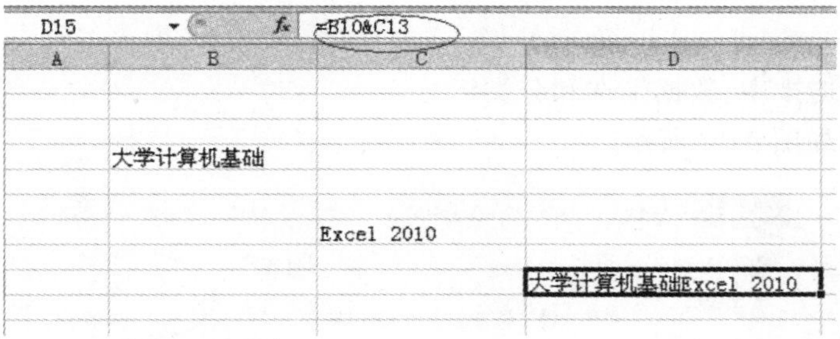

图 4-9　文本运算符 &

◇ 复制公式。①相对地址；②绝对地址；③跨工作表的单元格地址引用。

◇ 函数的运用。一种是直接在编辑栏中输入函数，如图 4-10 所示。另一种是执行“公式”选项卡→“插入函数”命令，如图 4-11 所示。

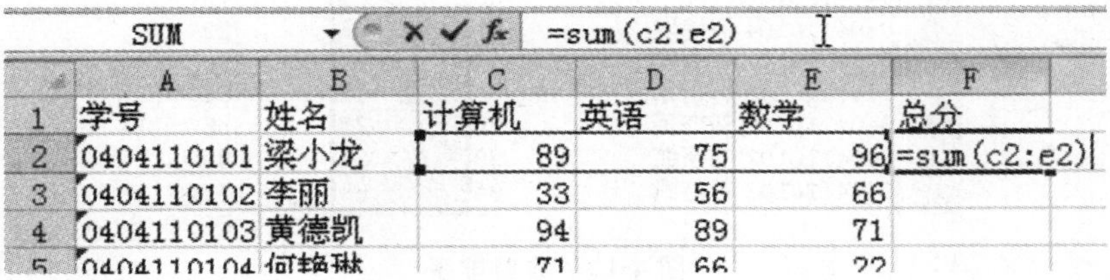

图 4-10　函数的输入

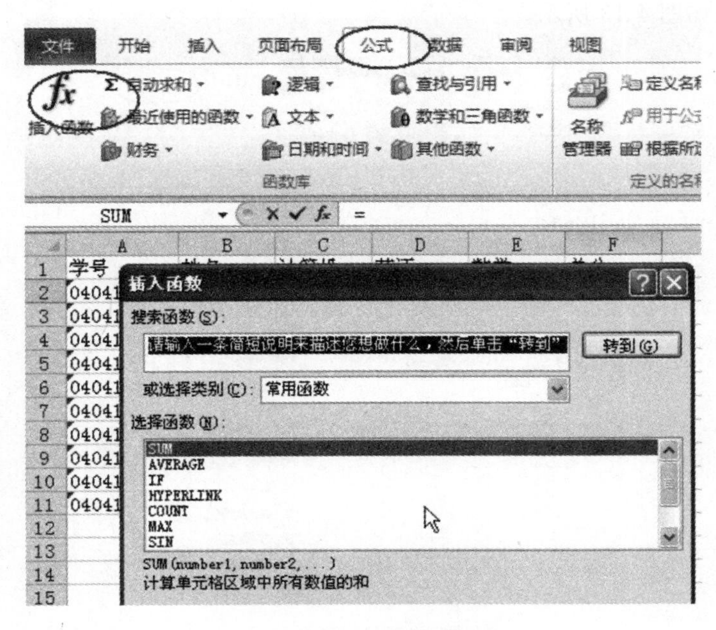

图 4-11　“插入函数”对话框

常用函数执行：AVERAGE 平均值函数；MAX 最大值函数；MIN 最小值函数；COUNT 计数函数；SUM 求和函数。

知识点 4　图表及编辑：

◇ 图表分类：嵌入式和独立式。

◇ 创建图表。

◇ 编辑图表。

知识点 5　数据排序、数据筛选和分类汇总：

◇ 数据排序，如图 4-12 所示。

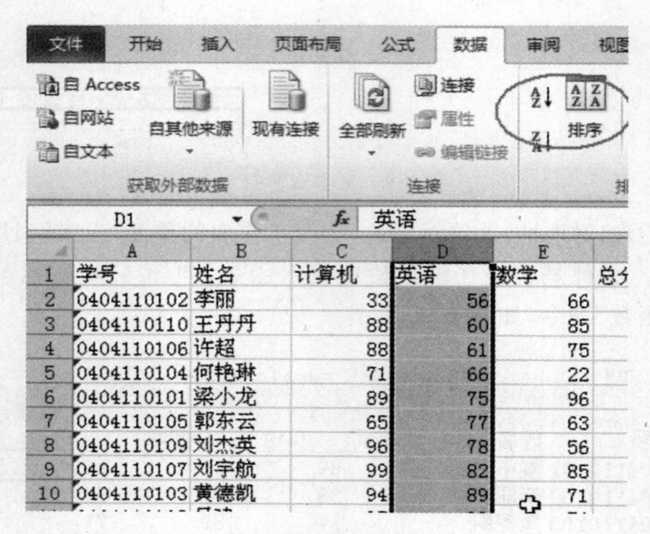

图 4-12　数据排序

◇ 数据筛选。

①自动筛选，如图 4-13 所示。

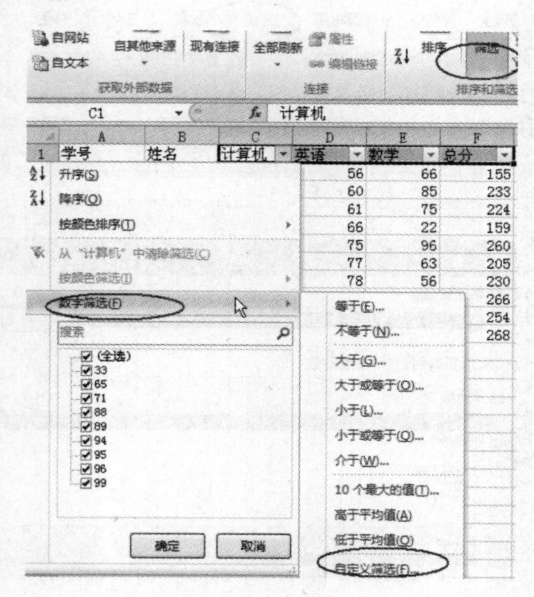

图 4-13　自动筛选

②高级筛选。

◇ 分类汇总，打开“排序”→“数据”选项卡→“分类汇总”，如图 4-14 所示。

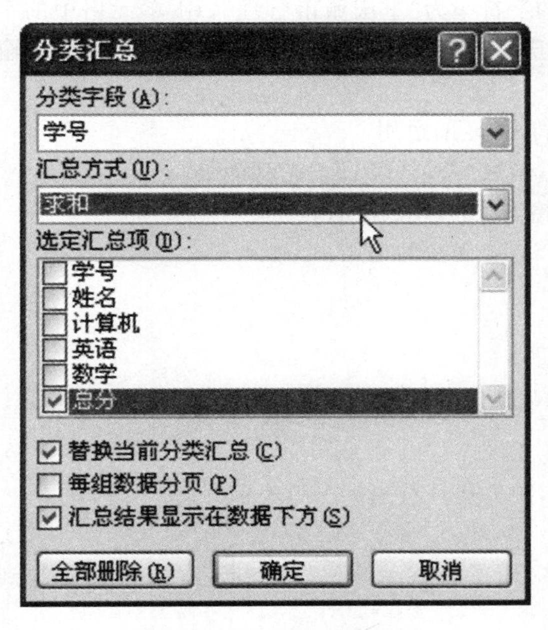

图 4-14　“分类汇总”对话框

❈ 例题解析

【单选题】

1. 已经在 C3 单元格中输入公式：=B2+D4，若用“复制”+“粘贴”的方法复制到 G9，则 G9 中存放的是(　　)。

A. 和 C3 中相等的数　　　　B. 错误信息

C. 公式：=F8+H10　　　　D. 无法确定

[答案]　C

[解析]　引用相对地址，在复制公式时，系统并非简单地把单元格中的公式原样照搬，而是根据公式的原来位置推算公式中单元格地址相对原位置的变化。

2. 如果下面的运算符号同时出现在一个公式中，Excel 2010 先计算(　　)。

A. ^　　　B. +　　　C. -　　　D. *

[答案]　A

[解析]　当公式中同时使用了多个运算符时，Excel 2010 的运算顺序为“^”、“*”、“+”和“-”。

【判断题】

1. 在 Excel 2010 的公式中绝对引用单元格地址，则进行公式复制时不会自动发生改变。(　　)

[答案]　√

[解析]　在公式中绝对引用单元格地址，即在单元格行号和列标前引用 $ 符号，单元格的

地址不会发生任何变化。

【填空题】

1. 若 A1 单元格中的字符串为“重庆城市管理”，B1 单元格中的字符串为“职业学院”，要使 A3 单元格中显示“重庆城市管理职业学院”，则应在 A3 单元格中输入公式(　　)。

[答案]　=A1&B1

[解析]　文本运算符号 & 的运用。

2. 在 Excel 2010 中，函数 SUM(B3:F3)的功能是(　　)。

[答案]　计算单元格 B3 到 F3 数值的和

[解析]　求和公式 SUM 函数的运用。

✲ 巩固练习

【单选题】

1. 在 Excel 2010 中，可使用运算符来完成各种复杂运算，其中(　　)是文字运算符。

A. #　　B. &　　C. !　　D. $

2. 在 Excel 2010 中，乘方运算符用(　　)表示。

A. *　　B. **　　C. ^　　D. \

3. 设在 E5 单元格中用了公式=SUM(E1:E4)，当将其复制到 B7 单元格后，公式变为(　　)。

A. =SUM(B1:B4)　B. =SUM(B3:B6)　C. =SUM(E1:E4)　D. =SUM(E1:E6)

4. 在 Excel 2010 中的 H1 单元格引用了 B1 单元格地址，其绝对引用地址为(　　)。

A. @B@1　　B. &B&1　　C. #B#1　　D. $B$1

5. 公式 SUM(C2:C6)的作用是(　　)。

A. 求 C2 到 C6 这五个单元格数据之和　　B. 求 C2 和 C6 这两个单元格数据之和

C. 求 C2 与 C6 单元格的比值　　D. 以上说法都不对

6. Excel 2010 中函数(　　)计算选定的单元格区域内数值的最大值。

A. SUM　　B. COUNT　　C. AVERAGE　　D. MAX

7. 在 Excel 2010 中，创建分类汇总时，在“汇总方式”中选择一种具体的汇总方式，默认为(　　)。

A. 求和　　B. 求平均值　　C. 求平方　　D. 求立方

8. 为了取消分类汇总的操作，必须(　　)

A. 执行“删除”命令　　B. 按 Del 键

C. 在分类汇总对话中单击“全部删除”按钮　　D. 以上都不可以

9. 在 Excel 2010 中，建立图表可单击(　　)选项卡中的“图表向导”按钮。

A. 开始　　B. 绘图　　C. 插入　　D. 布局

10. 在 Excel 2010 中对数据筛选应选择(　　)选项卡中的筛选选项。

A. 数据　　B. 公式　　C. 格式　　D. 插入

【判断题】

1. 在 Excel 2010 中，使用“图表向导”创建图表的过程不能设置图表标题。(　　)

2. 在 Excel 2010 中，不可以按行进行排序。(　　)

3. 在 Excel 2010 中，用户只能在一个工作表中进行查找和替换操作，不可以在多个工作

表中进行替换和查找。(　　)

【填空题】

1. 在 Excel 2010 中,假定存在一个数据库工作表,内容有系科、奖学金、成绩等项目,现要计算出各系科发放的奖学金总和,则应先对(　　)进行排序,然后执行(　　)选项卡的分类汇总命令。

2. 函数 AVERAGE(A1:A3)相当于用户输入的(　　)公式。

3. 在 Excel 2010 中,假定存在一个工作表,内含:姓名、专业、奖学金、成绩等项目,现在要求对相同专业的学生按奖学金从高到低进行排序,则要进行多个关键字段的排序,并且主关键字段是(　　)。

4. Excel 2010 中,A 列存放着可计算的数据,公式"＝SUM(A1:A5,A7,A9:A12)"将(　　)个元素求和。

5. Excel 2010 中,若要对 A3 至 B7,D3 至 E7 两个矩形区域中的数据求平均数,并把所得结果置于 A1 中,则应在 A1 中输入公式(　　)。

【巩固练习答案】

[单选题]　1. B　2. C　3. B　4. D　5. A　6. D　7. A　8. C　9. C　10. A

[判断题]　1. ×　2. √　3. ×

[填空题]　1. 系科　数据　2. ＝(A1＋A2＋A3)/3　3. 专业　4. 10　5. ＝AVERAGE(A3:B7,D3:E7)

4.3 习题集锦

【单选题】

1. Excel 2010 中可以很方便地将数据直接从(　　)传送到网页上。

A. 工作簿　　B. 单元格　　C. 页面　　D. 表格

2. Excel 2010 将文件保存为包含多张(　　)的工作簿。

A. 工作表　　B. 页面　　C. 文件　　D. 表格

3. 在 Excel 2010 中,当移动活动单元格选定框时,行号上的数字和列标上的字母将(　　),这样就可以很方便地确定当前所在的位置。

A. 突出显示　　B. 不显示　　C. 没变化　　D. 隐藏

4. 在 Excel 2010 中,用鼠标拖动选定单元格区域的边框即可将该区域移至工作表的其他位置,或者按住(　　)键将该区域移至本工作簿的其他工作表。

A. Alt　　B. Esc　　C. Ctrl　　D. Enter

5. 当鼠标指针停留在带有批注指示符的单元格上时,"单元格提示"可以自动显示附属于该单元格(　　)。

A. 数据　　B. 公式　　C. 函数　　D. 注释或说明

6. 拖动滚动块查看工作表的其他部分内容时,"滚动提示"将显示将要移动到的(　　)。

A. 单元格内容　　B. 行号或列号

C. 单元格注释　　D. 单元格的自然语言名称

7. 通过"视图"选项卡中的(　　)命令可以隐藏诸如选项卡功能区和自定义功能区等屏幕元素,使得用户能够在屏幕中看到更多的工作表内容。

A. 常规　B. 分页预览　C. 批注　D. 全屏显示

8. "文件"选项卡中的(　　)命令可以同时保存多个打开的工作簿。

A. 保存　B. 另存为　C. 发送　D. 保存工作区

9. 从打开了多个文件的 Excel 2010 中退出时，可以选择在退出前保存(　　)文件，而不是按照提示逐个关闭文件，这是应用户广泛的需求而设置的功能。

A. 所有　B. 选择的　C. 标记的　D. 最近打开的

10. Excel 2010 将每个单元格中最多可容纳的字符数由 255 个增加到(　　)个。

A. 32000　B. 1034　C. 10000　D. 512

11. Excel 2010 将每张表中最多可容纳的数据增加到(　　)行。

A. 32000　B. 1024　C. 512　D. 65536

12. (　　)能够通过自动更正常见的错误和提供即时帮助来协助用户工作，使得创建公式更为方便。

A. 公式选项板　B. 函数向导　C. 粘贴函数　D. 工作助手

13. Excel 2010 中的(　　)命令发展了 Excel 中的函数向导功能。

A. 公式选项板　B. 函数向导　C. 函数列表　D. 工作助手

14. 在编辑公式时，被该公式所引用的所有单元格及单元格区域都将以彩色显示在公式单元格中，并在相应单元格及单元格区域的周围显示具有(　　)颜色的边框。

A. 相同　B. 不同　C. 黑　D. 蓝

15. 选定相同的单元格区域，在状态栏上可以查看到该单元格区域中的(　　)。

A. 注释　B. 引用　C. 数值之和　D. 行列标志

16. "记忆式输入"功能可以将正在输入单元格的文本与(　　)中已经输入的文本进行比较，然后以匹配的词条自动完成输入。

A. 同行　B. 同列　C. 相邻单元格　D. 字库

17. 在单元格中键入文本时，Excel 可以(　　)常见的拼写错误。

A. 自动更正　B. 自动检索　C. 自动删除　D. 自动关闭

18. 可以在编辑栏上的(　　)下拉列表编辑框中创建单元格区域的名称。

A. 名称　B. 条目　C. 数据　D. 函数

19. 利用(　　)功能，可以自定义输入提示信息和出错提示信息。当用户选定了限定区域的单元格或在单元格中键入了无效数据时，这些信息将会显示出来。

A. 数据有效性　B. 自动更正　C. 自动检索　D. 自动文本

20. 在 Excel 2010 中，单元格 E10 的值等于 E5 的值加上 E6 的值，在单元 E10 中输入公式(　　)。

A. ＝E5＋E6　B. ＝E5:E6　C. E5＋E6　D. E5:E6

21. Excel 2010 单元格中输入公式必须以(　　)开头。

A. 等号　B. SUM　C. 加号　D. 单元格地址

22. 在 Excel 2010 中，要在公式中引用某个单元的数据时，应在公式中键入该单元的(　　)。

A. 格式　B. 附注　C. 数据　D. 名称

23. 如果某单元格输入＝"计算机文化"&"Excel"，结果为(　　)。

A. 计算机文化 & Excel　B. "计算机文化"&"Excel"

C. 计算机文化 Excel　　D. 以上都不是

24. 在 Excel 2010 中，公式复制时，为使公式中的（　　），必须使用绝对地址。

A. 单元格地址随新位置而变化　　B. 范围随新位置而变化

C. 范围不随新位置而变化　　D. 范围大小随新位置而变化

25. 在 Excel 2010 中，在工作表 D7 单元格内输入公式“＝A7＋＄B＄4”并确定后，在第三行处插入一行，则插入后“D8”单元格中的公式为（　　）。

A. ＝A8＋＄B＄4　　B. ＝A8＋＄B＄5　　C. ＝A7＋＄B＄4　　D. ＝A7＋＄B＄5

26. 如果将 B3 单元格中的公式“＝C3＋＄D5”复制到同一工作表的 D7 单元格中，该单元格公式为（　　）。

A. ＝C3＋＄D5　　B. ＝D7＋＄E9　　C. ＝E7＋＄D9　　D. ＝E7＋＄D5

27. 在 Excel 2010 中，进行公式复制时，（　　）会发生变化。

A. 所引用的单元格地址　　B. 相对引用的单元格地址

C. 相对引用中的函数表达式　　D. 绝对引用的单元格地址

28. 在 Excel 2010 中，计算参数所有数值的平均值的函数为（　　）。

A. SUM ()　　B. AVERAGE ()　　C. COUNT ()　　D. TEXT ()

29. 对工作表中区域 A2：A6 进行求和运算，在选中存放计算结果的单元格后，键入（　　）。

A. SUM(A2：A6)　　B. A2＋A3＋A4＋A5＋A6

C. ＝SUM(A2：A6)　　D. ＝SUM(A2，A6)

30. 在 Excel 2010 中，函数（　　）是计算工作表一串数据的总和。

A. SUM　　B. AVERAGE　　C. MIN　　D. COUNT

31. 在记录单中设置了条件进行筛选时，使用（　　）按钮显示前一个满足条件的记录。

A. 上一条　　B. 下一条　　C. 前进　　D. 后退

32. 在 Excel 2010 中，使用复合筛选时，同一条件区域行中输入多重条件时，条件之间是（　　）关系。

A. 与　　B. 或　　C. 非　　D. 异或

33. Excel 2010 中可以对数据清单按关键字段（　　）来排序。

A. 固定为升序　　B. 固定为降序　　C. 升序或降序　　D. 随机次序

34. 关于筛选选掉的记录的叙述，下列错误的是（　　）。

A. 不打印　　B. 不显示　　C. 永远丢失的　　D. 可以恢复

35. 在 Excel 2010 中，以下说法错误的是（　　）。

A. 使用“清除”命令，操作对象是数据

B. 在单元格中修改数据时，可单击单元格后，直接进行修改

C. 使用“删除”命令，操作对象是单元格

D. 选定单元格或区域后按 Del 键，相当于选择“清除”菜单中的“内容”

36. Excel 和 Word 之间的信息共享可以通过（　　）两种方式实现。

A. 对象连接和嵌入　　B. 对象浮动或嵌入

C. 对象合并和嵌入　　D. 对象连接和浮动

37. 在 Excel 2010 中以下说法正确的是（　　）。

A. 运算符必须是在英文全角状态下输入

B."："属于文本运算符

C.当公式引用的单元格中的数据修改后，公式的结果不会自动更新

D.公式中使用相对引用方式引用单元格地址表示，以便于复制引用公式

38.关于 Excel 2010，以下说法错误的是（　　）。

A.在单元格中显示"＃＃＃＃＃"时表示单元格所含的数字、日期、时间可能比单元格宽

B.当单元格中显示"＃DIV/0!"时表示公式被零除

C.不能删除单元格

D.在 Excel 2010 中可以进行删除显示隐藏批注

39.用户可以改变 Excel 2010 启动后系统默认打开的工作表数目，方法是单击（　　）选项卡中的"选项"命令。

A.编辑　　　　B.开始　　　　C.数据　　　　D.文件

40.下列说法中正确的是（　　）。

A.在 Excel 2010 中，工作表是不能单元存盘的，只有工作簿才能以文件的形式存盘

B.Excel 2010 不允许同时打开多个工作簿

C.Excel 2010 工作表最多可由 255 列和 65536 行构成

D.Excel 2010 文件的扩展名为.xltx

41.在 Excel 2010 工作簿中，有 Sheet1、Sheet2、Sheet3 三个工作表，连续选定这三个工作表，在 Sheet1 工作表的 A1 单元格输入数值"9"，则 Sheet2、Sheet3 工作表中 A1 单元格内（　　）。

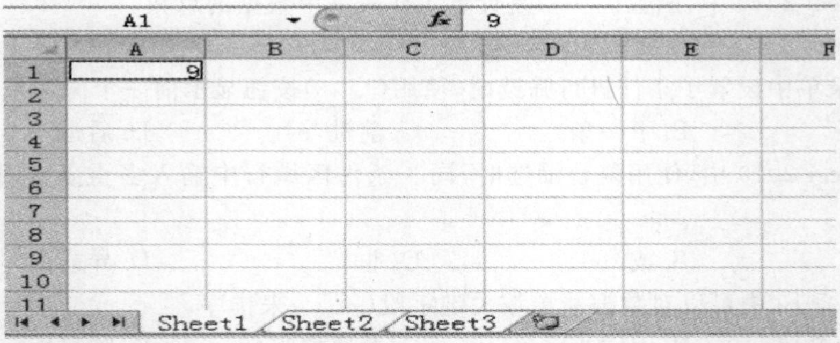

A.内容均为数值"0"　　　　B.内容均为数值"9"

C.内容均为数值"10"　　　　D.无数据

42.在 Excel 2010 工作簿中，当前处于缺省的工作表数是（　　）。

A.1　　　　B.3　　　　C.255　　　　D.任意多个

43.在 Excel 2010 工作中，某单元格内有"1、37"为数值格式 1、37，如将其格式改为货币格式￥1、37，单击单元格，则（　　）。

A.单元格内和编辑栏内均显示数值格式

B.单元格内和编辑栏内均显示货币格式

C.单元格内显示数值格式，编辑栏内显示货币格式

D.单元格内显示货币格式，编辑栏内显示数值格式

44.在 Excel 2010 中，使用图表向导为工作表中的数据建立图表，说法正确的是（　　）。

A.只能建立一张单独的图表工作表，不能将图表嵌入到工作表中

B. 只能为连续的数据区建立图表,数据区不连续时不能建立图表

C. 图表中的图表类型一经选定,建立图表后将不能修改

D. 当数据区中的数据系列被删除后,图表中相应内容也会被删除

45. 在 Excel 2010 中,按住(　　)键分别单击工作表标签,可同时选择多个工作表。

A. Alt　　B. Esc　　C. Tab　　D. Ctrl

46. 在 Excel 2010 中,要取消工作簿的隐藏,应使用(　　)功能选项卡中的"取消隐藏"命令。

A. 视图　　B. 文件　　C. 编辑　　D. 格式

47. 在 Excel 2010"分页浏览"视图中,手动插入的分页符显示为(　　)。

A. 虚线　　B. 实线　　C. 双线　　D. 波浪线

48. 在 Excel 2010 中,下列属于绝对引用的是(　　)。

A. =$B$8+$C$8+$D$8　　B. =$B8+$C8+$D8

C. =B$8+C$8+D$8　　D. =B8+C8+D8

49. 在 Excel 2010 表格单元格中出现一连串的"#####"符号,它表示(　　)。

A. 需重新输入数据　　B. 需调整单元格的宽度

C. 需修改公式的内容　　D. 需删去这些符号

50. 在 Excel 2010 中,当在单元格中编辑数据或者公式时,编辑栏中的名称框右侧的工具按钮区就会出现"×"按钮,它是用于(　　)。

A. 删除当前单元格　　B. 撤销刚才在当前单元格中的操作

C. 确认刚才在当前单元格中的操作　　D. 插入函数

51. 在 Excel 2010 工作簿中,有关移动和复制工作表的说法正确的是(　　)。

A. 工作表只能在所在工作簿内移动不能复制

B. 工作表只能在所在工作簿内复制不能移动

C. 工作表可以移动到其他工作簿内,不能复制到其他工作簿内

D. 工作表可以移动到其他工作簿内,也可复制到其他工作簿内

52. 在 Excel 2010 工作表中,正确的 Excel 公式为(　　)。

A. =B3*Sheet3! A2　　B. =B3*Sheet3$A2

C. =B3*Sheet3:A2　　D. =B3*Sheet3%A2

53. 在 Excel 2010 工作表中,有以下数值数据,在 C3 单元格的编辑区输入公式"=C2+$C$2",单击"确认"按钮,C3 单元格的内容为(　　)。

C3

	A	B	C
1	8	9	10
2	11	12	13
3	14	15	

A. 22　　B. 24　　C. 26　　D. 25

54. 在 Excel 2010 工作表中,单元格区域 D2:E4 所包含的单元格的个数是(　　)。

A. 5　　B. 6　　C. 7　　D. 8

55. 在 Excel 2010 工作簿中,至少含有的工作表个数是(　　)。

A. 1　　B. 2　　C. 3　　D. 4

56. 在 Excel 2010 中，下列日期的表述合法的是(　　)。

A. 18/SEP　　B. 15-7-2014　　C. 18-SEP　　D. 2014-7-15

57. 在 Excel 2010 中，运算符运算的优先级不同，如要修改计算顺序，则(　　)。

A. 应把公式中需要首先计算的部分括在＜＞内

B. 应把公式中需要首先计算的部分括在{ }内

C. 应把公式中需要首先计算的部分括在[ ]内

D. 应把公式中需要首先计算的部分括在( )内

58. 在 Excel 2010 中，以下对分页符的操作不能实现的是(　　)。

A. 复制分页符　　B. 移动分页符　　C. 插入水平分页符　　D. 插入垂直分页符

59. 在 Excel 2010 中，第 5 行第 6 列交叉处单元格的地址应表示为(　　)。

A. F5　　B. 6E　　C. 5F　　D. 6

60. Excel 2010 中输入公式时必须以(　　)开头。

A. —　　B. “　　C. ＝　　D. !

61. 在 Excel 2010 工作表中，A1 和 A2 单元格的内容和选定的区域如下图所示，将鼠标移至 A2 单元格右下角处，鼠标形状为实心“＋”时，拖动鼠标至 A5 单元格，此时 A4 单元格的内容为(　　)。

A1

	A	B
1	3	
2	8	
3		

A. 8　　B. 10　　C. 18　　D. 23

62. 在 Excel 2010 工作表中，设有如下数据形态，如要利用分类汇总统计各类商品每日小计和总计值，应首先进行(　　)。

F4　fx

	A	B	C	D
1	日期	商品名称	数量	销售额
2				

A. “日期”字段排序　　B. “商品名称”字段排序

C. “数量”字段排序　　D. “销售额”字段排序

63. 在 Excel 2010 工作表中，要向某单元格内作为数字输入“2003”，能正确输入的形式为(　　)。

A. ’　2003’　　B. ’　2003　　C. ＝2003　　D. e2003

64. 关于 Excel 2010 以下说法错误的是(　　)。

A. 如果要删除图表上的数据系列，先选定所要删除的数据系列再按 Del 键

B. 在 Excel 2010 中自动插入的分页符显示为虚线

C. 水平分页符和垂直分页符不能同时插入

D. 当拖动图表上的节点而改变图表时，工作表数据也会动态地发生改变

65. 在 Excel 2010 中，排序应先(　　)，再单击升序或降序按钮。

A. 单击数据清单中关键字段所在列的任意一个单元格

B. 选择数据清单中关键字段所在列

C. 任意选取

D. 选择数据清单中关键字段所在列中有数据的单元格区域

66. 在 Excel 2010 中，一个数据清单由(　　)三个部分组成。

A. 工作表、数据表和工作簿　　B. 数据、公式和函数

C. 区域、记录和字段　　D. 公式、记录和数据库

67. 在 Excel 2010 中，不属于算数运算符的是(　　)。

A. ^　　B. +　　C. >　　D. -

68. 在 Excel 2010 中，将选定区域的数值大于 60 的以一定格式显示，一次性完成可用(　　)。

A. 自动套用格式　　B. 样式　　C. 条件格式　　D. 单元格

69. 在 Excel 2010 中，如果要在某单元格内既输入日期又输入时间，则中间必须用(　　)隔开。

A. 冒号　　B. 逗号　　C. 空格　　D. 分号

70. 关于 Excel 2010，以下说法错误的是(　　)。

A. 对已设置的条件格式可以通过“删除”按钮删除

B. 在分类汇总时，数据清单必须先要对分类汇总的列排序

C. 应用自动套用格式时，只能完全套用格式，不能部分套用

D. Excel 2010 提供了自动筛选和高级筛选两种筛选清单命令

71. 在 Excel 2010 中，单元格区域 B3:F6 表示(　　)个单元格。

A. 20　　B. 16　　C. 15　　D. 25

72. 在 Excel 2010 中，要在某单元格内显示字符型数据 0250014，应输入(　　)。

A. ”0250014　　B. (0250014)　　C. 0250014　　D. ’ 0250014

73. 关于 Excel 2010 下列说法错误的是(　　)。

A. 从工作簿中删除工作表，可以使用“编辑”菜单中的“删除工作表”命令

B. 工作簿和工作表都可以隐藏

C. 用户只能在一个工作簿中移动或复制工作表

D. 选择单元格区域时，可以用拖动鼠标的方法完成

74. 在 Excel 2010 工作表中，设有如下图所示形式的数据及公式，现将 A4 单元格中的公式复制到 B4 单元格中，B4 单元格中的内容为(　　)。

A4　　fx　=SUM($A$1:$A$3)

	A	B	C	D	E
1	1	2			
2	3	4			
3	5	6			
4	9				

A. 9　　　　B. 12　　　　C. 21　　　　D. 30

75. 在 Excel 2010 工作表中，在某单元格的编辑区输入“(8)”，单元格内将显示（　　）。

A. −8　　　　B. (8)　　　　C. 8　　　　D. +8

76. 在 Excel 2010 工作表中，单击某写有数据的单元格，当鼠标为向左上方空心箭头时，仅拖动鼠标可完成的操作是（　　）。

A. 复制单元格内数据　　　　B. 删除单元格内数据

C. 移动单元格内数据　　　　D. 不能完成任何操作

77. 在 Excel 2010 工作表中，下图所选单元格区域可表示为（　　）。

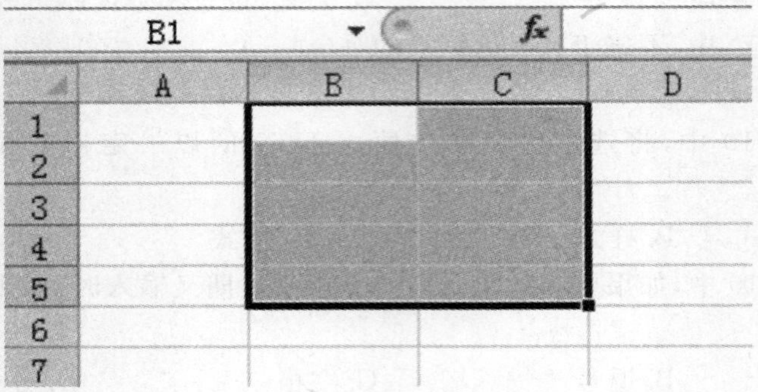

B1　　fx

	A	B	C	D
1				
2				
3				
4				
5				
6				
7				

A. B1:C5　　　　B. C5:B1　　　　C. C1:C5　　　　D. B2:B5

78. 在 Excel 2010 工作簿中，对工作表不可以进行的打印设置是（　　）。

A. 打印区域　　　　B. 打印标题　　　　C. 打印讲义　　　　D. 打印顺序

79. 在 Excel 2010 工作表中，单元格的内容如下图，将 C3 单元格中的公式复制到 D4 单元格中，D4 单元格中的数值为（　　）。

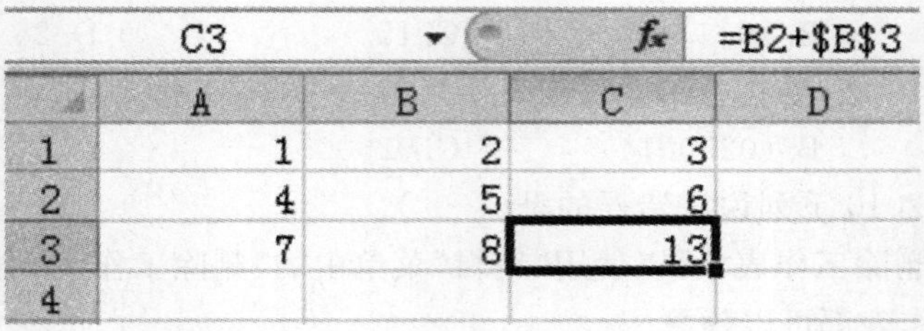

C3　　fx　=B2+$B$3

	A	B	C	D
1	1	2	3	
2	4	5	6	
3	7	8	13	
4				

A. 14　　　　B. 16　　　　C. 19　　　　D. 21

80. 在 Excel 2010 中，一个工作表最多可含有的行数是（　　）。

A. 225　　　　B. 256　　　　C. 65536　　　　D. 任意多

81. 在 Excel 2010 工作表中，日期型数据“2001 年 12 月 21 日”的正确输入形式是（　　）。

A. 21-12-2001　　　　B. 21、12、2001　　　　C. 21，12，2001　　　　D. 21:12:2001

82. 在 Excel 2010 工作表中的某单元格内输入数字字符串“1234”，正确的输入方式是（　　）。

A. 1234　　　　B. ’1234　　　　C. =1234　　　　D. “1234”

83. 在 Excel 2010 中，关于工作表及为其建立嵌入式图表的说法，正确的是（　　）。

A. 删除工作表中的数据，图表中的数据系列不会删除

B. 增加工作表中的数据，图表中的数据系列不会增加

C. 修改工作表中的数据，图表中的数据系列不会修改

D. 以上各项均不正确

84. 在 Excel 2010 工作表中，单元格 C4 中有公式"＝A3＋＄C＄D"，在第 3 行之前插入一行之后，单元格 C5 中的公式为（　　）。

A. ＝A4＋＄C＄6　B. A4＋＄C＄5　C. A3＋＄C＄6　D. ＝A3＋＄C＄5

85. 在 Excel 2010 工作表中，不正确的单元格地址是（　　）。

A. C＄66　B. ＄C66　C. C6＄6　D. ＄C＄66

86. 在 Excel 2010 工作表中，某单元格内输入数字 123，不正确的输入形式是（　　）。

A. 123　B. ＝123　C. ＋123　D. * 123

87. Excel 2010 工作表可以进行填充时，鼠标的形状为（　　）。

A. 空心粗十字　B. 向左上方箭头　C. 实心细十字　D. 向右上方箭头

88. 在 Excel 2010 工作表中，单元格 D5 中有公式"＝＄B＄2＋C4"，删除第 A 列后 C5 单元格的公式为（　　）。

A. ＝＄A＄2＋B4　B. ＝＄B＄2＋B4　C. ＝＄A＄2＋C4　D. ＝＄B＄2＋C4

【判断题】

1. 在 Excel 2010 中，使用"图表向导"创建图表的过程中不能设置图表标题。（　　）

2. 在 Excel 2010 中，可以输入"小时"数大于 24 的时间数据。（　　）

3. 在 Excel 2010 中，自动套用格式一旦应用就不能被删除。（　　）

4. Excel 2010 中都保留 11 位数字的数字精度，如果超出 11 位，多余的数字会转换成零。（　　）

5. Excel 2010 的"页面设置"对话框中不可以设置打印质量和缩放比例。（　　）

6. 在 Excel 2010 中，可以用复制的方法调整行高。（　　）

7. 在 Excel 2010 中，每个单元格都显示和编辑 32767 个字符。（　　）

8. Excel 2010 中给每个打开的工作表提供了缺省名：Book1、Book2、…。（　　）

9. 在 Excel 2010 中，双击工作标签，输入新名称，即可修改相应的工作表名称。（　　）

10. Excel 2010 中的公式输入到单元格后，单元格中会显示计算结果。（　　）

11. 在 Excel 2010 中进行排序时，只能针对列进行排序。（　　）

12. Excel 2010 中只有分页浏览功能，没有打印预览功能。（　　）

13. 在 Excel 2010 中，清除和删除是一回事。（　　）

14. 在 Excel 2010 中，允许同时在一个工作簿的多个工作表中输入。（　　）

15. 在 Excel 2010 中，筛选要重排数字清单并删除不必显示的行。（　　）

【填空题】

1. 如果要在 Excel 2010 数据表中快速查找符合条件的记录，当查找条件与多个字段相关并要求一次完成时，应使用 Excel 2010 提供的（　　）功能。

2. 在 Excel 2010 工作表的单元格 D5 中有公式"＝＄B＄2＋D4"，在第 1 行后插入一行，则 D6 单元格中的公式为（　　）。

3. 在 Excel 2010 工作簿中，Sheet 1 工作表第 6 行第 F 列单元格应表示为（　　）。

4. 在 Excel 2010 工作表的单元格 E5 中有公式"＝E3＋＄E＄2"，删除第 D 列后，则 D5 单元格的公式为（　　）。

5. 在 Excel 2010 工作表的单元格 D6 中有公式"＝＄B＄2＋C6"，将 D6 单元格的公式复

制到 C7 单元格内，则 C7 单元格的公式为(　　)。

6. 在 Excel 2010 工作表中，当相邻单元格中要输入相同数据或按某种规律变化的数据时，可以使用(　　)功能实现快捷输入。

7. Excel 2010 中的单元格都采用网络线进行分隔，这些风格线是(　　)打印出来的。

8. 在 Excel 2010 的工作表中，在进行分类汇总之前，须对欲分类汇总的工作表进行(　　)操作。

9. 在 Excel 2010 的单元格中输入公式时，公式与普通常数之间的区别就在于公式首先是由(　　)来引导的。

10. 要在单元格中输入内容，可以直接将光标定位在编辑栏中，也可以对于活动单元格按(　　)键输入内容，输入完内容后单击编辑栏左侧的(　　)按钮确定。

第5章

电子演示文稿软件 PowerPoint 2010

考纲扫描

（一）PowerPoint 2010 的基本知识

（1）掌握 PowerPoint 2010 的功能与特点。

（2）理解 PowerPoint 2010 的运行环境。

（3）掌握 PowerPoint 2010 的窗口及视图模式。

（二）PowerPoint 2010 的使用

（1）掌握电子演示文稿的创建、编辑、制作、播放。

（三）PowerPoint 2010 的超链接功能

（1）掌握在幻灯片中插入超链接的方法。

5.1 PowerPoint 2010 的基本知识

5.1.1 PowerPoint 2010 的功能与特点

※ 精讲点拨

知识点 1 PowerPoint 2010 在 Microsoft Windows 环境下运行，是一个专门编制电子演示文稿的软件。它是 Microsoft 软件包的组成部分。

知识点 2 用 PowerPoint 2010 制作的文稿是一种电子演示文稿，文件扩展名为. pptx。

知识点 3 PowerPoint 2010 电子演示文稿的核心是一套可以在计算机屏幕上演示的含有文字、图表、图像和声音、视频，甚至可以插入超链接，按一定顺序播放的幻灯片集。

知识点 4 完成后，可将电子演示文稿制作成实际 35 mm 的幻灯片，也可以制成胶片，在幻灯机、大屏幕投影仪上演示。

※ 例题解析

【单选题】

1. 在 PowerPoint 2010 中，电子演示文稿与幻灯片的关系是（　　）。

A. 电子演示文稿就是幻灯片　　B. 电子演示文稿可包含多张幻灯片

C. 幻灯片中包含多个电子演示文稿　　　　D. 两者无关

[答案]　B

[解析]　利用 PowerPoint 2010 做出来的资料就叫电子演示文稿，它是一个文件。而电子演示文稿中的每一页就叫幻灯片，每张幻灯片都是电子演示文稿中既相互独立又相互联系的内容。

2. PowerPoint 2010 的主要功能是(　　)。

A. 发送文件　　　　B. 制作多媒体演示文稿

C. 编辑文本文稿　　　　D. 上网浏览信息

[答案]　B

[解析]　PowerPoint 2010 是一个专门编制电子演示文稿的软件，由它制作的电子文稿，其核心是一套可以在计算机屏幕上演示的幻灯片。

【填空题】

1. 若用户将 PowerPoint 2010 文件保存为直接放映类型，文件名后缀为(　　)。

[答案]　. pps

[解析]　"PowerPoint 放映"格式。在资源管理器中用户可以双击该文件名就可以直接播放电子演示文稿。

知识拓展

PowerPoint 2010 的功能与特点虽在大纲上有要求，但是近几年所出试题鲜有相关的内容，所以考生仔细阅读一下即可。

✲ 巩固练习

【单选题】

1. 若计算机没有接打印机，PowerPoint 2010 将(　　)。

A. 不能进行幻灯片的放映，不能打印

B. 可以进行幻灯片的放映，不能打印

C. 按文件类型，有的能打印，有的不能打印

D. 按文件类型，有的能放映，有的不能放映

【判断题】

1. 电子演示文稿是由幻灯片、备注页、讲义页和大纲页等组成的文件，其核心是幻灯片。(　)

【巩固练习答案】

[单选题]　1. B

[判断题]　1. √

5. 1. 2　PowerPoint 2010 的窗口与视图方式

❈ 精讲点拨

知识点 1　PowerPoint 2010 窗口介绍，如表 5-1 及图 5-1 所示。

表 5-1　PowerPoint 2010 窗口介绍

PowerPoint 2010 窗口介绍	
①标题栏	显示正在编辑的电子演示文稿的文件名以及所使用的软件名
②“文件”选项卡	基本命令位于此处，如“新建”“打开”“关闭”“另存为”和“打印”
③快速访问工具栏	常用命令位于此处，如“保存”和“撤销”，也可以添加自己的常用命令
④功能区	工作时需要用到的命令位于此处，它与其他软件中的“菜单”或“工具栏”相同
⑤编辑窗口	显示正在编辑的电子演示文稿
⑥显示按钮	可以根据自己的要求更改正在编辑的电子演示文稿的显示模式
⑦滚动条	可以更改正在编辑的电子演示文稿的显示位置
⑧缩放滑块	可以更改正在编辑的文档的缩放设置
⑨状态栏	显示正在编辑的电子演示文稿的相关信息

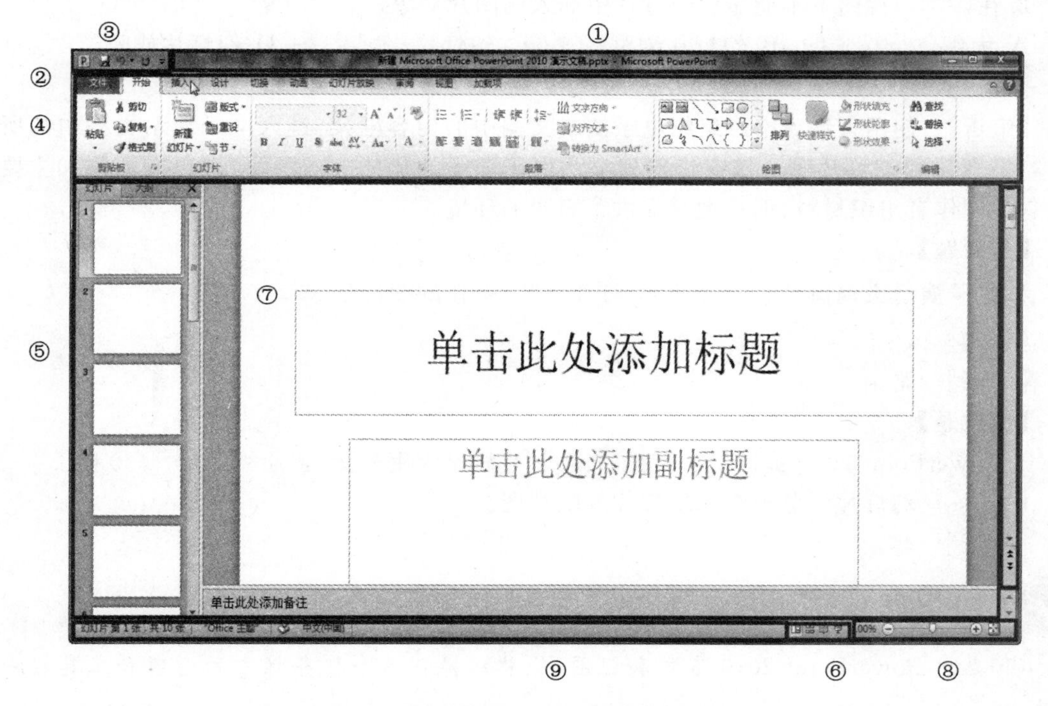

图 5-1　PowerPoint 2010 窗口介绍

知识点 2　PowerPoint 2010 视图模式。

◇ 普通视图：最常见的工作模式，也是默认的工作模式。一般由三个区域组成，即大纲区、电子演示文稿编辑窗格、备注窗格。

◇ 幻灯片浏览视图：可以对电子演示文稿进行编辑，包括改变幻灯片的背景设计和配色方案、调整幻灯片的顺序、添加或删除幻灯片、复制幻灯片、设置幻灯片的放映时间以及选择幻灯片的动画切换方式等。

◇ 幻灯片放映视图：将占据整个计算机屏幕。在播放的过程中，单击鼠标，按回车键或空格键可以换页，按 Esc 键可以退出幻灯片放映视图。

◇ 大纲视图：在“普通”视图下，单击窗口左侧的“大纲”标签，可以切换到“大纲”视图。可以组织、编辑幻灯片中的文本内容，窗口也分为三个部分，左侧的窗格为大纲的文本内容区，在每张幻灯片的编号和图标旁边是本张幻灯片的标题。

※ 例题解析

【单选题】

1. 在 PowerPoint 2010 中,复制幻灯片一般在(　　)下。

A. 普通视图　　B. 幻灯片放映视图

C. 幻灯片浏览视图　　D. 备注页视图

[答案]　C

[解析]　"幻灯片浏览视图"可以在窗口中同时看到电子演示文稿中的多张幻灯片的视图。在这里可方便地进行幻灯片的复制、删除、重排次序等操作,但是幻灯片文本内容的编辑修改要在普通视图下进行。

2. 在(　　)视图下不能显示幻灯片中插入的图片对象。

A. 大纲　　B. 幻灯片浏览　　C. 幻灯片　　D. 幻灯片放映

[答案]　A

[解析]　使用大纲窗格可组织电子演示文稿中的内容框架:键入电子演示文稿中的所有文本,重新排列幻灯片等。该窗格仅仅显示电子演示文稿的文本部分,即仅有标题和主要文字,它为制作者组织材料、编写大纲提供了简明的环境。

【判断题】

1. 电子演示文稿窗口右下方的"幻灯片放映"按钮的图标是 。(　　)

[答案]　√

[解析]　略。

【填空题】

1. PowerPoint 2010 提供了 4 个视图模式,分别是大纲视图、普通视图、(　　)和(　　)。

[答案]　幻灯片浏览视图和幻灯片放映视图。

[解析]　略。

知识拓展

(1)熟悉 PowerPoint 2010 窗口和视图,能熟练操作各个任务栏中的选项和工具栏中的工具。

(2)了解各个视图模式下能实现的功能。本部分容易出选择题。

※ 巩固练习

【单选题】

1. 在(　　)中,不能进行文字编辑与格式化。

A. 幻灯片视图　　B. 大纲视图　　C. 幻灯片浏览视图　　D. 文本视图

2. 在幻灯片浏览视图下,(　　)是不可能进行的操作。

A. 插入幻灯片　　B. 删除幻灯片

C. 改变幻灯片的顺序　　D. 编辑幻灯片中的文字

3. 在幻灯片视图窗格中单击"幻灯片放映"按钮,将在屏幕上看到(　　)。

A. 从第一张幻灯片开始全屏幕放映所有的幻灯片

B. 从当前幻灯片开始放映剩余的幻灯片

C. 只放映当前的一张幻灯片

D. 按照幻灯片设置的时间放映全部幻灯片

【判断题】

1. 排练计时，在大纲视图中不能进行。（　　）

【巩固练习答案】

［单选题］　1. C　2. D　3. B

［判断题］　1. ×

5.2　PowerPoint 2010 的使用

5.2.1　电子演示文稿的创建

※ 精讲点拨

知识点 1　创建 PowerPoint 2010 有 3 种情况，分别为创建空白电子演示文稿、使用设计模板创建电子演示文稿、根据内容提示向导创建电子演示文稿。

知识点 2　PowerPoint 2010 提供了多种类型的自动版式，如“标题幻灯片”“标题和内容”“图片与标题”“两栏内容”等多种版式。版式设置方法如图 5-2 所示。

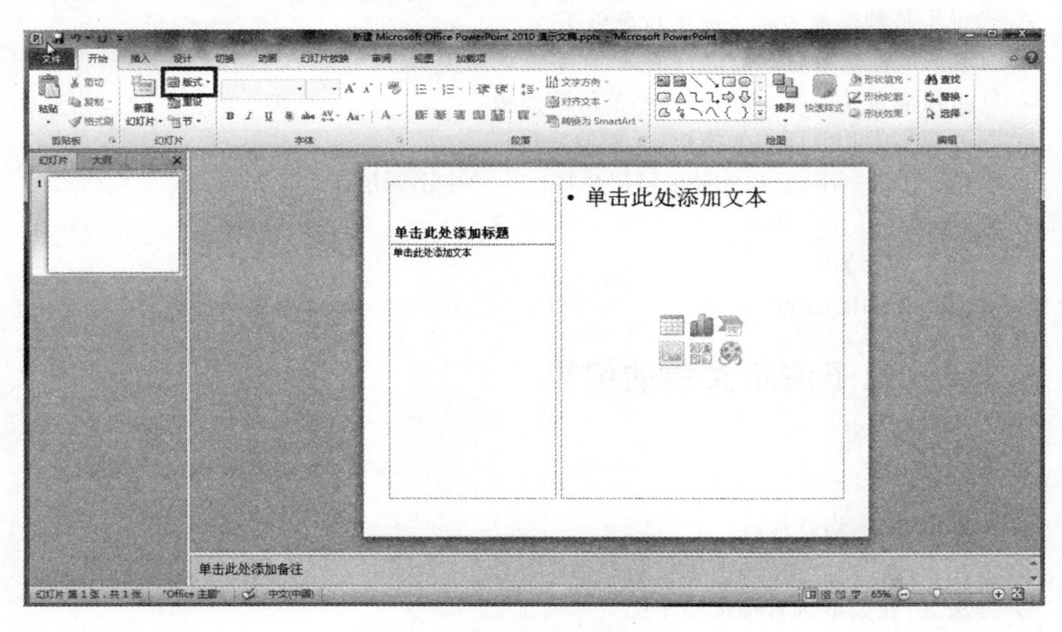

图 5-2　PowerPoint 2010 版式

※ 例题解析

【单选题】

1. 在幻灯片编辑状态下，（　　）能重新更改幻灯片版式。

A. 选择“开始”选项卡中的“版式”按钮

B. 选择“视图”选项卡中的“版式”按钮

C. 选择“插入”选项卡中的“版式”按钮

D. 选择“设计”选项卡中的“版式”按钮

[答案] A

[解析] PowerPoint 2010 更改幻灯片版式的方法有两个：①单击“开始”选项卡中的版式按钮；②右击鼠标，在快捷菜单中选择“幻灯片版式”命令项。

知识拓展

(1)熟悉创建电子演示文稿的 3 种方法。

(2)新建的电子演示文稿自动命名为“新建文稿…”，文稿保存的扩展名为.pptx。

✻ 巩固练习

【单选题】

1. 对于知道如何建立新电子演示文稿内容但不知道如何使其美观的使用者来说，在 PowerPoint 2010 启动后应选择(　　)。

A. 内容提示向导　　B. 模板

C. 空白电子演示文稿　　D. 打开已有的电子演示文稿

2. 幻灯片中使用了某种模板以后，若需进行调整，则下列哪种说法是正确的？(　　)

A. 确定了某种模板后就不能进行调整了

B. 确定了某种模板后只能进行清除，而不能调整模板

C. 只能调整为其他版式的模板，不能清除模板

D. 既可调整为其他版式的模板，又能清除模板

3. 每张幻灯片中，除标题外最多可以生成(　　)个不同层次。

A. 5　　B. 6　　C. 7　　D. 8

【巩固练习答案】

[单选题] 1. B　2. D　3. A

5.2.2 电子演示文稿的编辑

❀ 精讲点拨

知识点 1　插入幻灯片。

◇ 方法一：单击“开始”选项卡中新建幻灯片按钮，如图 5-3 所示。

◇ 方法二：在大纲区直接按回车键。

◇ 方法三：在大纲区右击鼠标，在弹出的快捷菜单中选择新建幻灯片。

知识点 2　删除幻灯片的步骤：先选定对象，按 Delete 键或者在大纲区右击幻灯片，快捷菜单中选择删除幻灯片。

知识点 3　复制幻灯片，在“幻灯片浏览视图”中，选定要复制的幻灯片，按住 Ctrl 键。然后按住鼠标左键拖动选定的幻灯片至新位置，释放左键，再释放 Ctrl 键，选定的幻灯片被复制

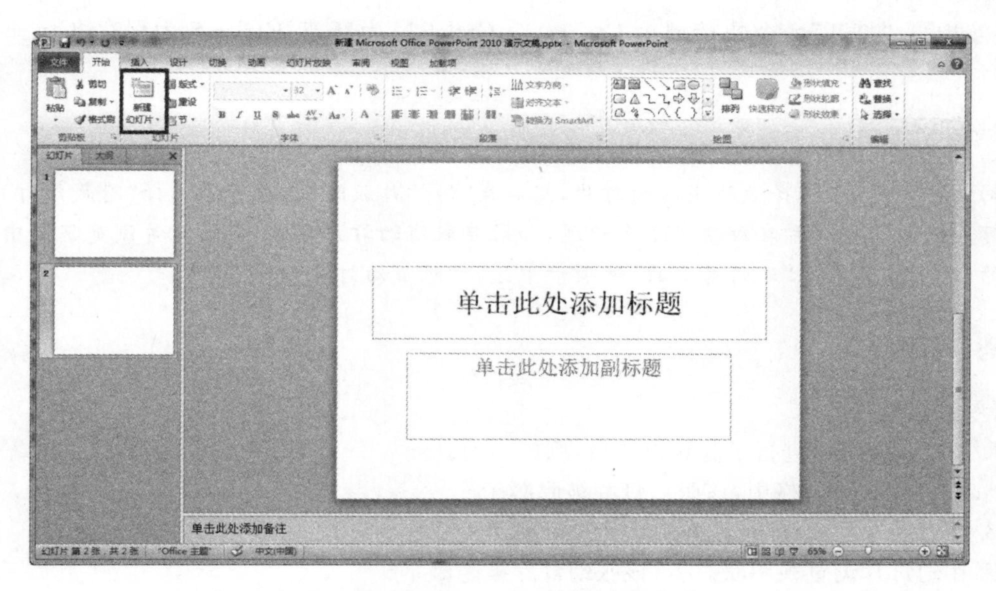

图 5-3　PowerPoint 2010 插入新幻灯片

到目的位置。或在“开始”选项卡中选择“复制”命令也可。

知识点 4　移动幻灯片，在“大纲/幻灯片”编辑窗格中，选择一个或多个需要移动的幻灯片，按住鼠标左键拖至合适的位置即可。或在“开始”选项卡中选择“剪切”命令也可。

知识点 5　电子演示文稿的保存、关闭与打开。

❈ 例题解析

【单选题】

1. 在幻灯片视图窗格中，要删除选中的幻灯片，不能实现的操作是（　　）。

A. 按下键盘上的 Delete 键

B. 按下键盘上的 Backspace 键

C. 按下工具栏上的“隐藏幻灯片”按钮

D. 在幻灯片窗格中右击幻灯片，弹出的快捷菜单中选择删除幻灯片

[答案]　C

[解析]　在幻灯片浏览视图状态下，该张幻灯片被隐藏了，并没有被删除。

2.（　　）操作，不能退出 PowerPoint 2010 电子演示文稿窗口。

A.“文件”菜单中的“退出”命令

B. 用鼠标左键点击窗口右上角的“关闭”按钮

C. 按 Ctrl＋F4 组合键

D. 按 Esc 键

[答案]　D

[解析]　前面三种方法都可关闭窗口。

3.“文件”选项卡中的“打开”命令的快捷键是（　　）。

A. Ctrl＋P　　B. Ctrl＋O　　C. Ctrl＋N　　D. Ctrl＋S

[答案]　B

[解析] “打开”命令快捷键为 Ctrl＋O。Ctrl＋N 为新建，Ctrl＋S 为保存，Ctrl＋P 为打印。

知识拓展

幻灯片的隐藏：选择欲隐藏的幻灯片，然后在“幻灯片放映”选项卡中选择“隐藏幻灯片”按钮即可。隐藏的幻灯片在放映时不会出现，如果要取消幻灯片隐藏，在幻灯片浏览视图中选择隐藏的幻灯片，然后在“幻灯片放映”选项卡中选择“隐藏幻灯片”命令即可。

✲ 巩固练习

【单选题】

1. 对某张幻灯片进行了隐藏设置后，则(　　)。

A. 幻灯片视图窗格中，该张幻灯片被隐藏了

B. 在大纲视图窗格中，该张幻灯片被隐藏了

C. 在幻灯片浏览视图状态下，该张幻灯片被隐藏了

D. 在幻灯片演示状态下，该张幻灯片被隐藏了

【巩固练习答案】

[单选题] 1. C

5.2.3　电子演示文稿的制作

❀ 精讲点拨

知识点 1　添加文本。如图 5-4 所示。

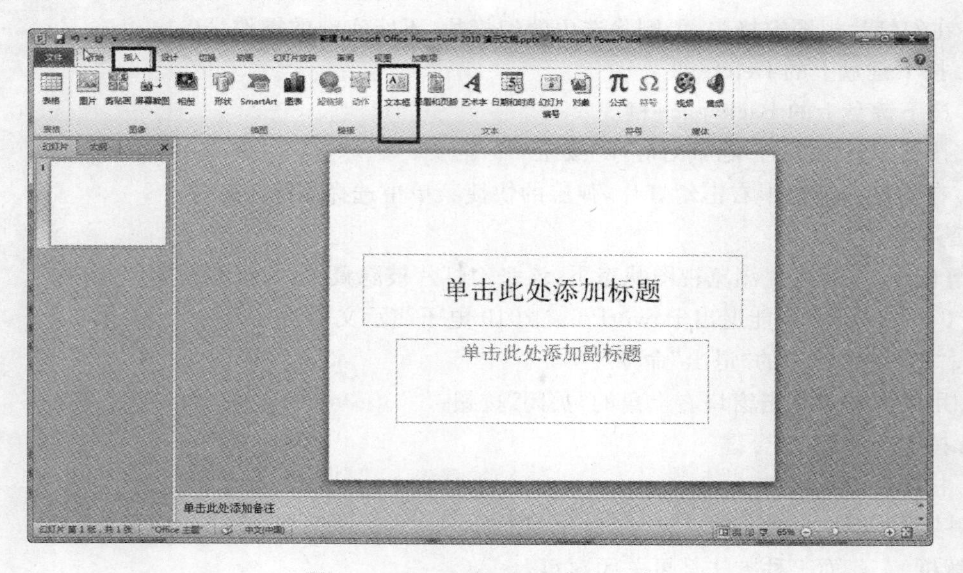

图 5-4　PowerPoint 2010 插入文本

知识点 2　在幻灯片中插入图片。如图 5-5 所示。

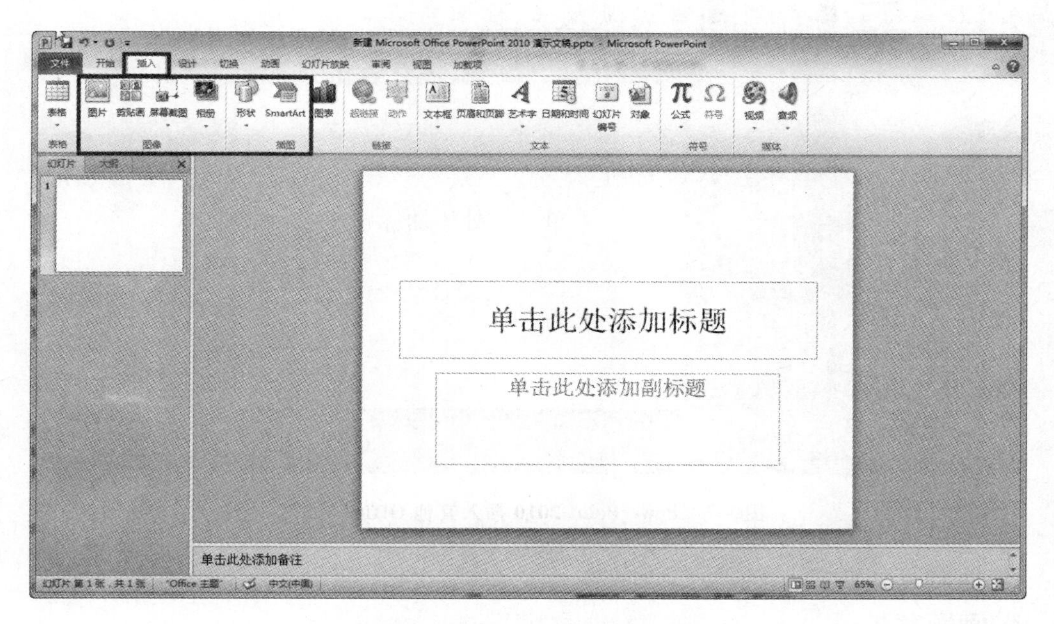

图 5-5　PowerPoint 2010 插入图片

知识点 3　在幻灯片中插入声音、影片。如图 5-6 所示。

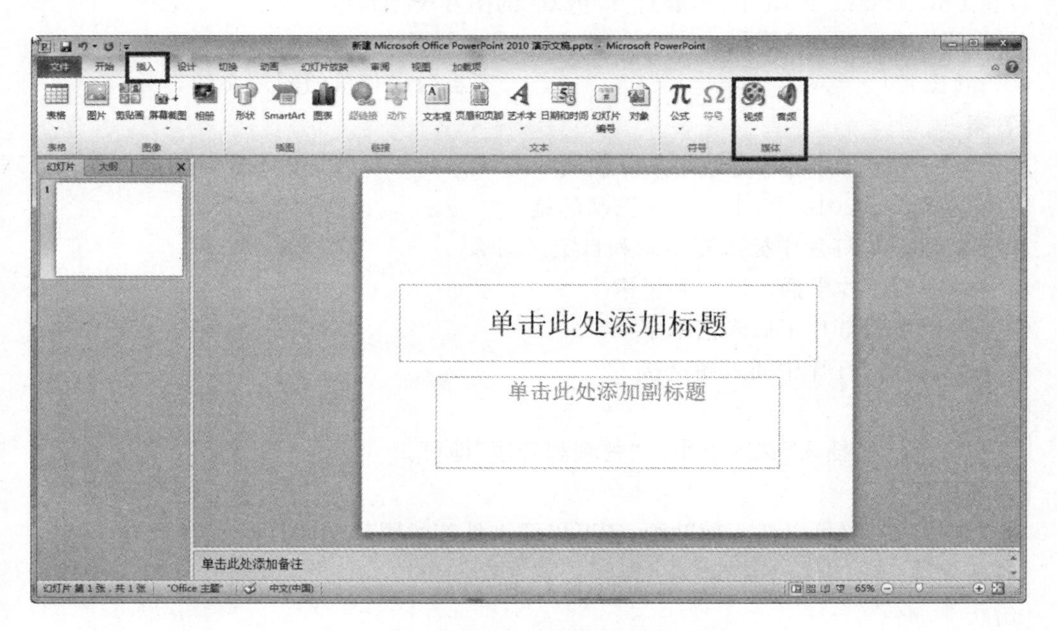

图 5-6　PowerPoint 2010 插入声音、影片

知识点 4　在幻灯片中插入其他 Office 数据。如图 5-7 所示。

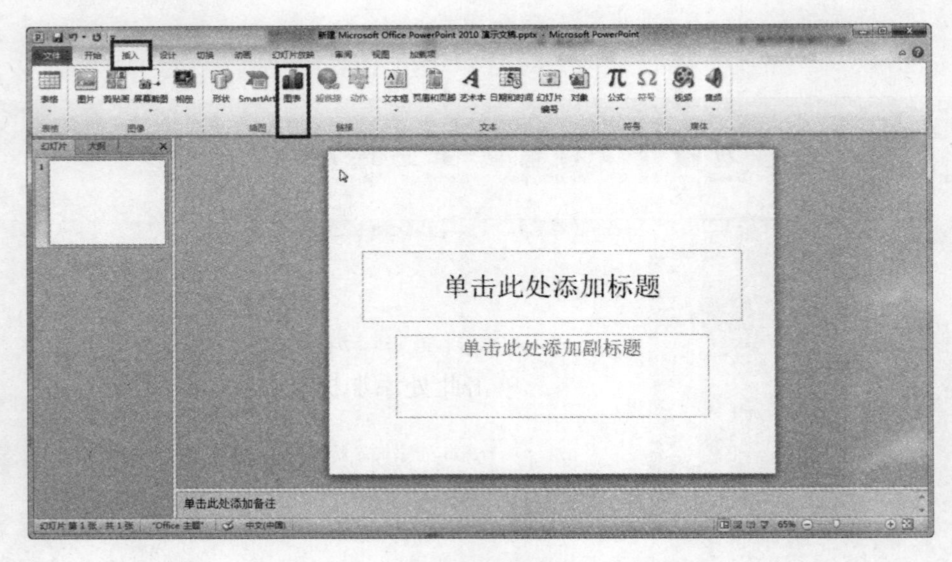

图 5-7　PowerPoint 2010 插入其他 Office 数据

❖ 例题解析

【单选题】

1. 在 PowerPoint 2010 中，不能对其“剪裁”的图片类型是(　　)。

A. 剪贴画　　B. jpg 图片

C. . gif 图片　　D. 来自数码相机的图片文件

[答案]　C

[解析]　动态图片的动态效果是分帧展示的，PowerPoint 2010 不能对其进行剪裁处理。

2. PowerPoint 2010 中，下列说法正确的是(　　)。

A. 不可以在幻灯片中插入剪贴画和自定义图像

B. 可以在幻灯片中插入声音和影像

C. 不可以在幻灯片中插入艺术字

D. 不可以在幻灯片中插入超链接

[答案]　B

[解析]　选择“插入”选项卡中的“视频和音频”即可。

【判断题】

1. 幻灯片中不仅可以插入剪贴画，还可以插入外部的图片文件。(　　)

[答案]　√

[解析]　略。

知识拓展

(1)要熟悉幻灯片的制作过程并能熟练进行操作，能够解决制作过程中出现的各种问题。本部分容易出选择题。

(2)要熟练掌握在幻灯片中插入图片、声音、影片和其他 Office 数据的方式。

(3)幻灯片图片的来源有 3 种：剪贴图片集、计算机中已有的图形文件、使用“绘图”工具加工的各种图形。

✲ 巩固练习

【单选题】

1. 关于 PowerPoint 2010，下列说法正确的是(　　)。

A. PowerPoint 2010 中可以加入动画　　B. PowerPoint 2010 中可以加入影片

C. PowerPoint 2010 中可以加入声音　　D. 以上都对

2. 制作幻灯片时，不可以(　　)。

A. 在幻灯片中插入图片　　B. 在幻灯片中合成多种声音

C. 在幻灯片中加入声音　　D. 在幻灯片设置超链接

3. 在 PowerPoint 2010 中，按行列显示，并可以直接在幻灯片上修改其格式和内容的对象是(　　)。

A. 表格　　B. 数据表　　C. 图表　　D. 组织结构图

4. 在幻灯片中，若将已有的一幅图片放置于层次标题的背后，则正确的操作方法是(　　)。

A. 置于顶层　　B. 置于底层　　C. 置于文字上方　　D. 置于文字下方

5. 在使用 PowerPoint 2010 编辑文本框、图片等对象时，需对它们进行旋转，则(　　)。

A. 只能进行 90°的旋转　　B. 只能进行 180°的旋转

C. 只能进行 360°的旋转　　D. 可以进行任意角度的旋转

【判断题】

1. 可以直接通过复制和粘贴的方式将图表插入幻灯片中。(　　)

【巩固练习答案】

[单选题]　1. D　2. B　3. A　4. D　5. D

[判断题]　1. √

5.2.4　幻灯片上的修饰

❈ 精讲点拨

知识点 1　幻灯片的格式化，包括文字格式化、段落格式化、对象格式化。

知识点 2　幻灯片的外观设置，包括设置幻灯片母版、更改文本格式、设置页眉页脚、向母版插入对象、重新配色、应用设计模板等操作。

❖ 例题解析

【单选题】

1. 对 PowerPoint 2010 电子演示文稿的(　　)进行编辑，可以使每张幻灯片的固定位置上显示相同的文字或图片。

A. 版式　　B. 母版　　C. 模板　　D. 版面

[答案]　B

［解析］ 母版用于设置文稿中每张幻灯片的预设格式，这些格式包括设置每张幻灯片标题、正文文字的位置和大小、项目符号的样式、背景图案等。

2. 在 PPT 编辑中，只要（ ）“绘图”工具栏上的椭圆图标，就可以在幻灯片上连续多次画出椭圆。

A. 单击　　B. 双击　　C. 三击　　D. 右击

［答案］ B

［解析］ 在 PPT 中，双击绘图工具栏上的图形，可以连续多次画出所需的图形。

知识拓展

(1)对于同一母版下的幻灯片，修改母版中的某一对象格式，就同时修改除标题幻灯片外的所有幻灯片对应对象格式。此处易出填空题及选择题。

(2)讲义母版用得不多，主要用于控制讲义形式打印的格式。备注母版主要提供演讲者备注使用的空间以及设置备注幻灯片的格式。

(3)“页眉和页脚”命令在“插入”选项卡下，可在此命令下进行时间、日期以及幻灯片编号的编辑。

✲ 巩固练习

【单选题】

1. 要为所有幻灯片添加编号，下列方法中正确的是（ ）。

A. 执行“视图”菜单的“幻灯片编号”命令即可

B. 执行“插入”菜单的“幻灯片编号”命令即可

C. 执行“设计”菜单的“幻灯片编号”命令即可

D. 执行“切换”菜单的“幻灯片编号”命令即可

2. 关于幻灯片的编号，以下叙述中（ ）是正确的。

A. 可以为指定的幻灯片编号

B. 可以在幻灯片的任何位置添加

C. 可以在视图菜单下的“页眉和页脚”命令中设置

D. 可以在母版中设置

3. 以下关于幻灯片母版，错误的说法是（ ）。

A. 可以通过鼠标操作在各类模板之间直接切换

B. 根据当前幻灯片的布局，通过幻灯片状态切换按钮，可能出现两种不同类型的母版

C. 在母版中定义标题的格式后，在幻灯片中还可以修改

D. 在母版中插入图片对象后，在幻灯片中可以根据需要进行编辑

4. 在幻灯片母版设置中，可以起到（ ）的作用。

A. 统一整套幻灯片的风格　　B. 统一标题内容

C. 统一图片内容　　D. 统一页码

【填空题】

1. 幻灯片设置背景时，若将新的设置应用于当前幻灯片，应单击“（ ）”按钮，确定后方能应用。

【巩固练习答案】

［单选题］ 1. B　2. A　3. D　4. A

［填空题］ 1. 应用

5.2.5　电子演示文稿的播放

❋ 精讲点拨

知识点 1　动画效果设计。用“动画”选项卡设置动画和用“自定义动画”设置动画。设置动画效果一般在“普通视图”中进行。操作方法：先选定对象，在任务窗格中单击“添加动画效果”下拉按钮，在弹出的下拉菜单中选择一种动画方式，并在其子菜单中选择一种效果即可。在“自定义动画”任务窗格中，用户还可以对设置的效果进行开始、方向和速度的修改，以获得最佳动画效果。

知识点 2　切换效果设置。在“换片方式”选项区中选择换片方式，有两种方式：①单击鼠标时，选中复选框，则由人工方式控制换片，这是默认的换片方式；②选中“每隔”复选框时，在数值框中设置时间，幻灯片会按所设置的时间换页。

知识点 3　放映方式设置。三种方式：①演讲者放映（全屏幕）；②观众自行浏览（窗口）；③在展台浏览（全屏幕）。

知识点 4　幻灯片的放映。①放映指定范围的幻灯片；②启动幻灯片放映。

❋ 例题解析

【单选题】

1. 要控制 PowerPoint 2010 电子演示文稿的幻灯片每隔 6 s 显示一张，应设置“切换”选项卡之下的（　　）选项。

A. 动画方案　　　　B. 动作按钮　　　　C. 换片方式　　　　D. 自定义动画

［答案］ C

［解析］ 在换片方式中选择“每隔”复选框，在时间设置中，选择“00:06”即可实现。

2. 在 PowerPoint 2010 启动幻灯片放映的操作中，下列错误的是（　　）。

A. 单击电子演示文稿窗口左下角的“幻灯片放映”视图按钮

B. 选择“幻灯片放映”选项卡中的“观看放映”命令

C. 选择“幻灯片放映”选项卡中的“幻灯片放映”命令

D. 按“F5”键

［答案］ C

［解析］ 在 PowerPoint 2010 中，选择选项卡“幻灯片放映”中的“观看放映”命令操作的效果为：总是从第一页幻灯片开始放映。

知识拓展

（1）如果要对幻灯片中的图片、文本框、艺术字等信息设置动画效果，必须使用自定义动画。

（2）如果要设置电子演示文稿自动循环播放，首先必须在“切换”对话框中预先设定好幻灯片的停留间隔。然后在“设置放映方式”对话框中选择“循环放映，按 Esc 键终止”复选框。

（3）“观众自行浏览”适用于小规模的演示。这种方式提供电子演示文稿播放时移动、编辑、复制和打印等命令，便于观众自己浏览电子演示文稿。

✻ 巩固练习

【单选题】

1. 在幻灯片切换效果框中有“慢速”“中速”“快速”，它们是指（　　）。

A. 放映时间　　B. 动画速度　　C. 换片时间　　D. 停留时间

2. 在“幻灯片浏览视图”模式下，不允许进行的操作是（　　）。

A. 幻灯片的移动和复制　　B. 设置动画效果

C. 幻灯片删除　　D. 幻灯片切换

3. 在 PowerPoint 2010 自定义动画中，不可以进行（　　）的设置。

A. 动画效果　　B. 多媒体　　C. 时间和顺序　　D. 动作循环的播放

【判断题】

1. PowerPoint 2010 中的“动画效果”是指可以引入动画文件.gif。（　　）

【巩固练习答案】

［单选题］　1. C　2. B　3. B

［判断题］　1. ×

5.3　超　链　接

✻ 精讲点拨

知识点 1　超链接是一种链接方式，它可以用来在两个对象之间建立直接链接，其中：一个对象作为用户界面上的链接点，引出另一个对象；另一个对象作为超链接的目标对象，隐藏在幕后，只有当超链接点被特定动作触发的时候，目标对象才被引出。目标对象根据来源不同可分为电子演示文稿中的某一张幻灯片或其他的文件。

知识点 2　设置了超链接，代表超链接点的文本会添加下划线，并且会显示成系统配色方案制定的颜色。

知识点 3　建立超链接的方法有两种，即使用“超链接”命令或者动作按钮。具体方法为：①选定作为超链接的文本对象后，选择“插入”选项卡的“超链接”命令，此时会弹出超链接对话框，填好即完成；②选定作为超链接的文本对象或形状对象等，选择“插入”选项卡的“动作”命令，此时会弹出“动作设置”对话框。在对话框的“单击鼠标”标签上选择“超链接到”，并选择好目标幻灯片，单击“确定”即可。

知识点 4　编辑超链接的方法为选定编辑对象，在工具栏上单击“插入超链接”按钮，此时显示“编辑超链接”对话框或“动作设置”对话框，然后改变超链接的位置即可。删除超链接的方法同上。

❈ 例题解析

【单选题】

1. 在幻灯片的“动作设置”对话框中设置的超链接对象不允许是（　　）。

A. 下一张幻灯片　　B. 一个应用程序

C. 其他电子演示文稿　　D. 幻灯片中的一个对象

[答案]　D

[解析]　按目标来源不同，链接对象可分为电子演示文稿中的某一张幻灯片或其他的文件。幻灯片中的某一对象，在“动作设置”中是没有的。

超链接的应用范围十分广泛，在生活中的各个方面都很常见，因此作为考试内容更容易出现实际应用题，考生要对此多加注意。

✲ 巩固练习

【单选题】

1. 在设置超链接时，可以从(　　)选项卡中选中(　　)选项。

A. 动画　超链接　　　B. 插入　超链接

C. 幻灯片放映　超链接　　　D. 切换　超链接

【巩固练习答案】

[单选题]　1. B

5.4　习题集锦

【单选题】

1. 放映当前幻灯片的快捷键是(　　)。

A. F6　　B. Shift+F6　　C. F5　　D. Shift+F5

2. 在 PowerPoint 2010 中，停止幻灯片播放的快捷键是(　　)。

A. Enter　　B. Shift　　C. Ctrl　　D. Esc

3. PowerPoint 2010 中，电子演示文稿的作者必须非常注意电子演示文稿的两个要素，这两个要素是(　　)。

A. 内容和设计　　B. 内容和模板　　C. 内容和视觉效果　　D. 问题和解决方法

4. 输入文本时，“升级”与“降级”的操作，(　　)状态下实现。

A. 只能在大纲视图窗格

B. 只能在幻灯片视图窗格

C. 在大纲视图窗格和幻灯片视图窗格

D. 既不能在大纲视图窗格也不能在幻灯片视图窗格

5. 对整个幻灯片进行复制、粘贴的功能，只能在(　　)状态下实现。

A. 幻灯片视图

B. 大纲视图窗格

C. 幻灯片浏览视图

D. 幻灯片视图窗格、大纲视图窗格、幻灯片浏览视图

6. 以下(　　)选项卡是 PowerPoint 2010 特有的。

A. 视图　　B. 开始　　C. 幻灯片放映　　D. 插入

7. 在幻灯片视图窗格中，在状态栏出现了“幻灯片 2/6”的文字，则表示(　　)。

A. 共有 6 张幻灯片，目前只编辑了 2 张　B. 共有 6 张幻灯片，目前显示的是第 2 张
C. 共编辑了 2/6 的幻灯片　D. 共有 8 张幻灯片，目前显示的是第 2 张

8. 在 PowerPoint 2010 电子演示文稿中，将某张幻灯片版式更改为“垂直排列标题与文本”，应选择(　　)选项卡。

A. 视图　B. 开始　C. 插入　D. 切换

9. 以下关于在大纲视图窗格编辑电子演示文稿的说法错误的是(　　)。

A. 在大纲视图窗格中，可以移动或复制整张幻灯片
B. 在大纲视图窗格中，可以查找或替代两张电子演示文稿中的所有文字
C. 在大纲视图窗格中，不可以改变标题文字的颜色和大小
D. 在大纲视图窗格中，单击幻灯片图标，可以选定幻灯片的所有标题

10. 在(　　)中，可以进行图片的编辑与格式化。

A. 幻灯片视图窗格和大纲视图窗格　B. 大纲视图窗格和幻灯片浏览视图
C. 幻灯片浏览视图和备注页视图　D. 备注页视图和幻灯片视图窗格

11. 以下关于状态栏的说法中，错误的是(　　)。

A. 状态栏总是位于窗口的底部，一般分为左、中、右
B. 在幻灯片视图中，通过状态栏可以知道当前幻灯片在整个电子演示文稿中属于第几张
C. 状态栏中的拼写检查图标在没有发现错误字时显示勾，在有错别字时则显示叉
D. 通过状态栏可以知道电子演示文稿所用的模板

12. 在大纲视图中输入电子演示文稿标题时，可以(　　)在幻灯片的大标题后输入小标题。

A. 按键盘上的回车键　B. 按键盘上向下的方向键
C. 按键盘上的 Tab 键　D. 按键盘上的 Shift＋Tab 键

13. Windows 7 启动 PowerPoint 2010 的方法(　　)。

A. 只有一种　B. 只有两种　C. 有两种以上　D. 有无数种

14. 超链接只有在下列哪种视图中才能被激活？(　　)

A. 幻灯片视图　B. 大纲视图　C. 幻灯片浏览视图　D. 幻灯片放映视图

15. 以下不能用来更改层次小标题切换方式的是(　　)。

A. 幻灯片浏览视图工具栏
B. “幻灯片放映”选项卡中“预设动画”
C. “自定义动画”对话框
D. “幻灯片切换”对话框

16. 在幻灯片版式上的链接功能中，(　　)不能进行链接的设置。

A. 文本内容　B. 按钮对象　C. 图片对象　D. 声音对象

17. “文件”选项卡中的“新建”命令的快捷键是(　　)。

A. Ctrl＋P　B. Ctrl＋O　C. Ctrl＋N　D. Ctrl＋S

18. 如果文字对象中某一行文字大小不一，欲使这些文字的下部显示为统一高度，应选择(　　)。

A. “开始”选项卡中“字体对齐”命令中的“底端对齐”命令
B. “开始”选项卡中“字体对齐”命令中的“居中对齐”命令
C. “开始”选项卡中“字体对齐”命令中的“罗马方式对齐”命令

D.“开始”选项卡中“字体对齐”命令中的“顶端对齐”命令

19.当一张幻灯片要建立超链接时，下列哪种说法是错误的？（　）

A.不可以链接到其他电子演示文稿上　　B.可以链接到本页幻灯片上

C.可以链接到其他电子演示文稿上　　D.可以链接到其他幻灯片上

20.在打印幻灯片时，下列哪种说法是不正确的？（　）

A.被设置了演示时隐藏的幻灯片也能打印出来

B.打印时只能打印一份

C.打印可将文档打印到磁盘

D.打印时可按讲义形式打印

21.PowerPoint 2010 在编辑状态下，采用鼠标拖动的方式进行复制操作，需要按下（　）键。

A.Shift　　B.Ctrl　　C.Alt　　D.Alt＋Ctrl

22.在一张幻灯片中，若对一幅图片及文本框设置成一致的动画显示效果时，则（　）是正确的。

A.图片有动画效果，文本框没有动画效果

B.图片没有动画效果，文本框有动画效果

C.图片有动画效果，文本框也有动画效果

D.图片没有动画效果，文本框也没有动画效果

23.需要将一幅剪贴画和一个椭圆能够一起拖曳，以下操作不正确的是（　）。

A.将这两个对象组合在一起

B.按住 Shift 键不放，然后分别单击同时选中这两个对象

C.通过鼠标拖曳同时选定这两个对象

D.使这两个对象有相互交叉的地方

24.在电子演示文稿的制作过程中，不可以（　）。

A.进行幻灯片的复制　　B.对幻灯片进行移动

C.删除某一张幻灯片　　D.把某张幻灯片移到回收站

25.自定义动画时，以下不正确的说法是（　）。

A.各种对象均可设置动画　　B.动画设置后，先后顺序不可改变

C.同时还可配置声音　　D.可将对象设置成播放后隐藏

26.某一文字对象设置了超链接后，下列说法不正确的是（　）。

A.在演示该页幻灯片时，当鼠标指针移到文字对象上会变成“手”形

B.在幻灯片视图窗格中，当鼠标指针移到文字对象上会变成“手”形

C.该文字对象的颜色会以默认的配色方案显示

D.可以改变文字的超链接颜色

27.（　）是无法打印出来的。

A.幻灯片中的图片　　B.幻灯片中的动画

C.母版上设置的标志　　D.幻灯片的展示时间

28.有一个 PPT 文件，共有 5 张幻灯片，现选中第 4 张幻灯片，在完成了改变幻灯片背景的设置后，单击“应用”按钮，它的功能是（　）。

A.第 4 张幻灯片的背景被改变了

B. 从第 4 张开始到最后的幻灯片背景被改变了

C. 从第 1 张开始到第 4 张幻灯片背景被改变了

D. 所有幻灯片的背景改变了

29. 在美化电子演示文稿版面时，以下说法不正确的是（　　）。

A. 套用模板后将使整套电子演示文稿有统一的风格

B. 可以对某张幻灯片的背景进行设置

C. 可以对某张幻灯片修改配色方案

D. 无论是套用模板、修改配色方案还是设置背景，都只能使各张幻灯片风格统一

30. 幻灯片的填充背景不可以是（　　）。

A. 调色板列表中选择的颜色　　B. 自己通过三原色或亮度、色调等调制的颜色

C. 三种以上颜色的过渡效果　　D. 磁盘上的图片

31. 以下说法正确的是（　　）。

A. 幻灯片中的各种对象的快捷菜单中都有隐藏或显示图片工具的命令

B. 除文字、图形和艺术字外，幻灯片中的各种对象快捷菜单中都有隐藏和显示图片工具栏命令

C. 除文字、图形对象外，幻灯片的各种对象快捷菜单中都有隐藏和显示图片工具栏命令

D. 除文字对象外，幻灯片中的各种对象快捷菜单中都有隐藏和显示图片工具栏命令

32. 希望在编辑幻灯片内容时，其大小与窗口大小相适应，应选择（　　）。

A. “文件”选项卡里的“页面设置”命令

B. “设计”选项卡里的“页面设置”命令

C. 工具栏上“显示比例”下拉列表中的“100%”

D. 工具栏上“显示比例”下拉列表中的“最佳大小”

【判断题】

1. 使用大纲视图是整理、组织和扩充文字最有效的途径。（　　）

2. 在幻灯片浏览视图下，能够方便地实现幻灯片的插入、移动和复制。（　　）

3. 要想在网上发布电子演示文稿，可以将电子演示文稿文件转换为 Web 页文件，之后即可用浏览器来查看电子演示文稿的内容。（　　）

4. PowerPoint 2010 系统提供了 4 个视图切换按钮，可以利用这些按钮快速进入相应的视图环境。（　　）

5. 已制作好的幻灯片，是不能再更改其版式的。（　　）

6. 制作电子演示文稿时，第一张幻灯片必须是标题幻灯片。（　　）

7. 同一电子演示文稿的每张幻灯片均可使用不同的版式。（　　）

8. PowerPoint 2010 标题幻灯片上标题区的位置和大小不能改变。（　　）

9. 在幻灯片视图下，利用“开始”选项卡中的“复制”“粘贴”选项不能实现整张幻灯片的复制。（　　）

10. 在普通视图中选定一个对象后，按住 Ctrl 键再单击另一个对象，则两个对象都被选中。（　　）

11. 绘图工具栏上的“自动旋转”按钮，可以将选中的艺术字或自选图形进行旋转，而不能将选中的图片进行旋转。（　　）

12. PowerPoint 2010 在放映幻灯片时，必须从第 1 张幻灯片开始放映。（　　）

13. 母版是一类特殊的幻灯片，它控制着电子演示文稿中幻灯片的样式，它的变化会导致对应幻灯片的格式发生变化。(　　)

14. 幻灯片不仅可以插入剪贴画，还可以插入外部的图片文件。(　　)

15. 在任何时候，用户都可以按下 Esc 键退出幻灯片放映视图。(　　)

【填空题】

1. 进入 PowerPoint 2010 创建新的电子演示文稿的初始画面后，可有(　　)、(　　)、(　　)3 种方法来创建新的电子演示文稿。

2. PowerPoint 2010 提供了两类模板，即(　　)和(　　)。

3. 普通视图将幻灯片、大纲、(　　)区域集成到一个视图，来制作电子演示文稿。

4. 在 PowerPoint 2010 中制作好幻灯片后，可以根据需要使用 3 种不同的方法放映幻灯片，这 3 种放映类型是(　　)、(　　)、(　　)。

5. 在(　　)视图可观看幻灯片动画效果、切换效果和超链接等效果。

6. 在 PowerPoint 2010 电子演示文稿中，将某张幻灯片版式更改为“垂直排列标题与文本”，应选择的选项卡是(　　)。

7. 在 PowerPoint 2010 中，可以为幻灯片的文字、形状、图形等对象设置对话效果、设计基本动画的方法是先在(　　)视图中选择对象，然后选用(　　)选项卡中的命令。

8. 排练计时，在(　　)视图中不能进行。

9. 超链接只有在(　　)视图中才能被激活。

10. PowerPoint 2010 中文版是运行在(　　)上的电子演示文稿制作软件。

第6章 计算机网络

考纲扫描

(一)计算机网络的基本知识

(1)了解计算机网络的定义、发展、分类、组成和拓扑结构。

(2)理解计算机网络体系结构及TCP/IP协议。

(3)了解常用的计算机网络传输介质。

(4)掌握Internet的作用及典型服务类型。

(5)掌握常用网络连接设备的功能(网卡、调制与解调、集线器、交换机、路由器等)。

(二)计算机局域网的基本知识

(1)掌握局域网的种类、常用网络设备、组网方法。

(2)了解常用的网络操作系统。

(三)Internet及其使用

(1)了解基本概念,如IP地址(IPv4和IPv6)、域名、接入方法、信息浏览。

(2)掌握电子邮件的使用方法。

(3)了解常用的即时通信工具。

(四)电子商务和电子政务的基本概念和主要功能

(1)理解电子商务的基本概念和主要功能。

(2)理解电子政务的基本概念和主要功能。

6.1 计算机网络基本知识

6.1.1 计算机网络的定义

计算机网络是通过通信设备和通信线路将分布在不同地理位置上功能独立的计算机互联,在功能完善的网络软件(网络通信协议、信息交换方式及网络操作系统等)的支持下,以实现信息通信和资源共享的目的。

※ 精讲点拨

知识点1 计算机网络的主要特色是资源共享。

知识点 2　计算机网络的主要功能：

◇ 计算机信息通信；

◇ 资源共享；

◇ 提高计算机的可靠性及可用性；

◇ 提高分布式处理环境；

◇ 集中管理与处理；

◇ 负载分担与均衡。

❖ 例题解析

【单选题】

1. 计算机网络的最突出特点是(　　)。

A. 精度高　　B. 容量大　　C. 运算速度快　　D. 资源共享

［答案］ D

［解析］ 计算机网络主要特色也是最突出的优点是资源共享。

知识拓展

计算机网络的应用：办公自动化；电视数据检索；工业过程控制；金融电子化；电子商贸。

【判断题】

1. 计算机网络的发展经历了由简单到复杂的过程，其中最早出现的计算机网络是 ARPANET。(　　)

［答案］ √

［解析］ 1969 年美国国防部创建了第一个分组交换网 ARPANET，当时它只是一个单个的分组交换网，被认为是最早出现的计算机网络。

【填空题】

1. 计算机网络的目的是协同工作，提高可靠性和稳定性，进行数据通信和(　　)。

［答案］ 资源共享

［解析］ 计算机网络最主要的功能是信息通信和资源共享。

✲ 巩固练习

【单选题】

1. 计算机网络提供分享的资源有(　　)。

A. 信息　　B. 硬件资源和软件资源

C. 软件资源和信息　　D. 硬件资源、软件资源和信息

2. 以单机为中心的通信系统也称(　　)。

A. 计算机局域网络　　B. 多个计算机互联的网络

C. 智能的计算机网络　　D. 面向终端的计算机网络

3. 计算机网络中实现互联的计算机本身是可以进行(　　)工作的。

A. 独立　　B. 关机　　C. 串行　　D. 互相制约

4. Internet 起源于(　　)。

A. CSNET　　B. NSFNET　　C. ARPANET　　D. BITNET

【判断题】

1. 建立计算机网络的目的是通信和资源共享。(　　)

【填空题】

1. 计算机网络是计算机技术与(　　)相结合的产物。

2. 计算机网络是在(　　)的控制下，通过通信设备和线路来实现地理位置不同、具有独立功能的多个计算机系统之间的连接，并通过网络操作系统等网络软件来实现资源共享的系统。

【巩固练习答案】

[单选题]　1. B　2. D　3. A　4. C

[判断题]　1. √

[填空题]　1. 通信　2. 网络协议

6.1.2　计算机网络的分类

计算机网络按照不同的分类标准有多种分类方法。例如，可以按照地理分布范围的大小分类，按照网络的服务方式分类，按照网络的传输介质分类等，从而产生了多种网络类型。

❈ 精讲点拨

知识点 1　按照地理分布范围可以将计算机网络划分为局域网(LAN)、城域网(MAN)和广域网(WAN)三种类型。

◇ 局域网(Local Area Network，LAN)是指在有限的地域范围内的计算机网络，地理分布范围在 10 km 以内，如一座大楼、一个单位、一个办公室等。典型的局域网有以太网(Ethernet)、令牌环网(Token Ring)和令牌总线网(Token Bus)等。

◇ 城域网(Metropolitan Area Network ，MAN)规模比 LAN 的大，地理分布范围在 100 km 以内，一般覆盖一座城市或地区。

◇ 广域网(Wide Area Network ，WAN)的涉辖范围很大，在地理范围上可以跨市、跨省、跨国、跨洲甚至覆盖全世界，规模十分庞大且复杂。Internet 就是典型的广域网。

知识点 2　按照服务方式可以将计算机网络划分为对等网络和客户机/服务器网络两种类型。

◇ 对等网络(Peer-to-Peer)也称工作组。对等网络上每台计算机有相同的功能，没有主次之分。对等网络中的任何一台计算机既可以作为服务器也可以作为工作站，当一台计算机向其他计算机提供资源时，它就是服务器，而当它访问其他计算机上的共享资源时，它又成为工作站。

◇ 客户机/服务器网络(Client/Server)中，有一台或者若干台计算机作为专用服务器，其他计算机作为客户机，采用用户级的访问控制。

知识点 3　按照传输介质可以将计算机网络划分为有线网络和无线网络两种类型。

◇ 有线网络主要通过双绞线、同轴电缆、光纤等有线传输介质连接计算机网络。

◇ 无线网络主要采用电磁波作为传输介质和载体来传输数据的计算机网络。

❖ 例题解析

【单选题】

1. LAN指的是（ ）。

A. 局域网　　B. 城域网　　C. 广域网　　D. 互联网

［答案］ A

［解析］ 局域网(LAN)覆盖范围从几百米到几千米，通常用于覆盖一个房间、一层楼或一个建筑物。

【判断题】

1. 现实意义上的局域网指的是覆盖范围不超过一个大学校园的网络。（ ）

［答案］ ×

［解析］ 局域网的覆盖范围并没有明确限制，小至一个房间，大至几千米范围均可。

【填空题】

1. 计算机网络的分类方法很多，如果从覆盖范围来分，可以分为局域网、城域网和（ ）。

［答案］ 广域网(WAN)

［解析］ 计算机网络按照地理分布范围可划分为局域网(LAN)、城域网(MAN)和广域网(WAN)三种类型。

✲ 巩固练习

【单选题】

1. 学校内的一个计算机网络系统，属于（ ）。

A. PAN　　B. LAN　　C. MAN　　D. WAN

2. 下列哪项是局域网的特征？（ ）

A. 传输速率低　　B. 信息误码率高

C. 分布在一个宽广地理范围之内　　D. 提供给用户一个带宽高的访问环境

3. 下列四项中不属于互联网的是（ ）。

A. CHINANET　　B. Novell网　　C. CERNET　　D. Internet

【判断题】

1. LAN和WAN的主要区别是通信距离和传输速率。（ ）

【填空题】

1. 在Internet中，远程登录系统采用的工作模式为（ ）模式。

2. 计算机网络术语中，MAN的中文意义是（ ）。

【巩固练习答案】

［单选题］ 1. B　2. D　3. B

［判断题］ 1. √

［填空题］ 1. 客户机/服务器　2. 城域网

6.1.3 计算机网络的组成

计算机网络系统由网络硬件和网络软件两大部分组成。计算机网络从逻辑功能上可以划分为两部分：一部分对数据信息进行收集和处理，称为资源子网；另一部分专门负责信息的传输，称为通信子网。

※ 精讲点拨

知识点 1 网络硬件一般由一台或几台网络服务器、网络通信设备、传输介质以及若干台网络客户工作站相互连接组成。网络软件包括网络协议软件、网络通信软件和网络操作系统。

◇ 网络服务器也称主机，是计算机网络中为其他计算机用户提供共享服务的核心单元。按应用可分为文件服务器、打印服务器、通信服务器等，一个计算机网络至少有一个网络服务器。

◇ 网络通信设备包括适配器、集线器、交换机、网桥等。

◇ 传输介质是连接各设备的线路，是网络通信的物理通道。网络传输介质主要分为有线介质和无线介质两大类。

◇ 网络客户工作站是用户进入网络所用的终端设备，它主要完成数据传输、信息浏览和桌面数据处理等功能。

◇ 网络操作系统在服务器上提供共享资源的管理功能，在工作站上提供对共享资源的访问服务。常用的网络操作系统有 Novell 公司的 Netware，Microsoft 公司的 Windows 以及 UNIX 的各种网络操作系统版本。

知识点 2 计算机网络承担着数据处理和数据通信两类工作。

◇ 资源子网主要是对信息进行加工和处理，接受本地用户和网络用户提交的任务，最终完成信息的处理。

◇ 通信子网主要负责计算机网络内部信息流的传递、交换和控制，以及信号的变换和通信中的有关处理工作，间接服务于用户。

※ 例题解析

【单选题】

1. 广域网覆盖的地理范围从几十千米到几千千米。它的通信子网主要使用(　　)。

A. 报文交换技术　　B. 分组交换技术　　C. 文件交换技术　　D. 电路交换技术

［答案］ B

［解析］ 广域网的通信子网主要使用分组交换技术，将分布在不同地区的局域网或计算机系统互联起来，以达到资源共享的目的。

【判断题】

1. 网络操作系统的优劣直接影响到网络的效率。(　　)

［答案］ √

［解析］ 网络操作系统在服务器上提供共享资源的管理功能，在工作站上提供对共享资源的访问服务，直接影响到网络的效率。

【填空题】

1. 在计算机网络中，为网络提供共享资源的设备是(　　)。

［答案］ 服务器

［解析］ 网络服务器也称主机，是计算机网络中为其他计算机用户提供共享服务的核心单元。

✽ 巩固练习

【单选题】

1. 下列哪项不是网络操作系统提供的服务？（　　）

A. 文件服务　　B. 打印服务　　C. 通信服务　　D. 办公自动化服务

2. 下列任务中哪些是网络操作系统的基本任务？（　　）

①屏蔽本地资源与网络资源之间的差异

②为用户提供基本的网络服务功能

③管理网络系统的共享资源

④提供网络系统的安全服务

A. ①②　　B. ①③　　C. ①②③　　D. ①②③④

【判断题】

1. 网络操作系统发展经历了从对等结构向非对等结构演变的过程。（　　）

【填空题】

1. 计算机网络由资源子网和（　　）组成。

2. 通常我们可将网络传输介质分为（　　）和（　　）两大类。

【巩固练习答案】

［单选题］ 1. D　2. D

［判断题］ 1. √

［填空题］ 1. 通信子网　2. 有线介质　无线介质

6.1.4 拓扑结构

计算机网络的通信线路在其布线上有不同的结构形式。一般用拓扑结构来研究计算机网络的布线结构。拓扑（Topology）是拓扑学中研究由点、线组成几何图形的一种方法，用此方法可以把计算机网络看成是由一组节点和链路组成，这些节点和链路所组成的几何图形就是网络拓扑结构。从目前使用的情况来看，计算机网络的拓扑结构可归纳为 5 种基本类型：总线型、星型、环型、树型和网状型。计算机网络拓扑结构如图 6-1 所示。

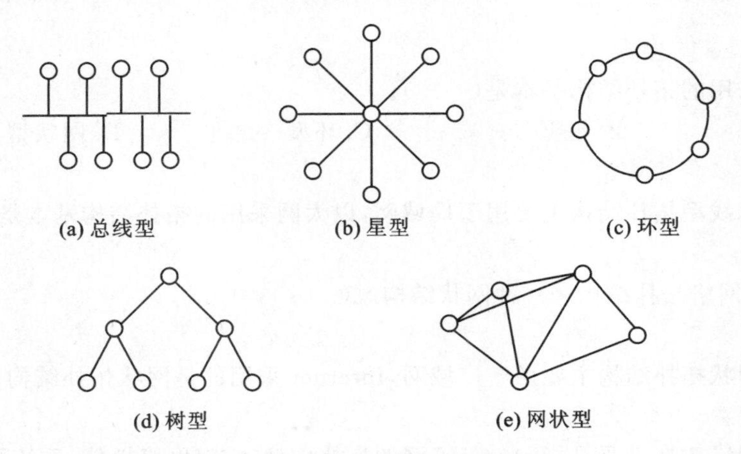

图 6-1　计算机网络拓扑结构

※ 精讲点拨

知识点 1 总线型结构(Bus):由一条公用主干电缆连接若干节点而成,采用广播方式进行通信,无需路由选择功能。

◇ 优点:安装简单,所需通信器材和线缆的成本低,扩展方便。

◇ 缺点:可靠性差、诊断故障困难,总线的某一处接头接触不良时,会影响到网络的通信,使整个网络瘫痪。

知识点 2 星型结构(Star):采用集中控制方式,每个节点都有一条唯一的链路和中心节点相连接,节点之间的通信都要经过中心节点并由其控制。

◇ 优点:结构形式和控制方法比较简单,可靠性高、诊断故障方便,便于管理和服务,每个连接点只接一个节点,当连接点发生故障时,只影响一个节点,不会影响整个网络。

◇ 缺点:传输速率较慢,中心节点成本较高,网络对中心节点的要求较高,当中心节点出现故障时会造成网络瘫痪。

知识点 3 环型结构(Ring):采用非集中控制方式,各节点之间无主从关系,环型拓扑结构为一封闭的圆环,环中的信息单方向传送,途经环中的所有节点并回到始发节点。

◇ 优点:结构比较简单、安装方便、负载能力强并且均衡、无信号冲突。

◇ 缺点:传输速率受限制,当某一个节点出现故障时将导致整个网络瘫痪。

知识点 4 树型结构(Tree):实际上它是星型结构的发展和扩充,是将多级星型网络按层次结构排列而成,是一种倒树型的分级结构,具有根节点和各分支节点。

◇ 优点:结构比较灵活,便于进行网络节点数的增加。

◇ 缺点:结构比较复杂,当某个中间层节点出现故障时,下一层的节点间不能交换信息,当根节点出现故障时,会造成整个网络瘫痪。

知识点 5 网状型结构(Mesh):任意两节点之间都存在通信线路,当某条通路出现故障或拥挤堵塞时,可绕道其他通路传输信息。

◇ 优点:可靠性较高,容错能力强。

◇ 缺点:结构复杂、费用高。

※ 例题解析

【单选题】

1. 以太网采用的拓扑结构基本是(　　)。

A. 总线型　　B. 星型　　C. 环型　　D. 网状型

[答案] A

[解析] 总线型拓扑结构主要用于局域网,以太网采用的拓扑结构基本是总线型。

【判断题】

1. Internet 网络拓扑结构是一种网状结构。(　　)

[答案] √

[解析] 网状拓扑结构主要用于广域网,Internet 采用的是网状拓扑结构。

【填空题】

1. 计算机网络拓扑主要是指(　　)子网的拓扑构型,它对网络性能、系统可靠性与通信费用都有重大影响。

［答案］ 通信
［解析］ 计算机网络拓扑主要是指通信子网的拓扑构型。

✲ 巩固练习

【单选题】

1. 下列不属于网络的拓扑结构连接方式是（　　）。

A. 星型　　B. 总线型　　C. 环型　　D. 全连型

2. 在下列哪个网络拓扑结构中，中心节点的故障可能造成全网瘫痪？（　　）

A. 星型　　B. 总线型　　C. 环型　　D. 网状型

3. 计算机网络中，所有的计算机都连接到一个中心节点上，一个网络节点需要传输数据，首先传输到中心节点上，然后由中心节点转发到目的节点，这种连接结构被称为（　　）。

A. 总线结构　　B. 环型结构　　C. 星型结构　　D. 网状结构

【判断题】

1. 计算机网络的树型结构是将多级星型网络按层次结构排列而成，其优点是结构坚固，负载能力强且均衡，无信号冲突，传输时间确定。（　　）

【填空题】

1. 我国的教育科研网（CERNET）、公用计算机互联网（CHINANET）等采用的是（　　）拓扑结构。

2. 计算机网络常见的拓扑结构是（　　）、（　　）、（　　）、（　　）、网状型结构。

【巩固练习答案】

［单选题］ 1. D　2. A　3. C
［判断题］ 1. √
［填空题］ 1. 网状　2. 总线型结构　星型结构　环型结构　树型结构

6.1.5 计算机网络体系结构

计算机网络的层次及各层协议的集合，即是网络体系结构。具体地说，计算机网络体系结构是关于计算机网络应该设置哪几层，每个层次又应提供哪些功能的精确定义。

❈ 精讲点拨

知识点 1　计算机网络体系结构只是从层次结构及功能上来描述计算机网络的结构，并不涉及每一层硬件和软件的组成，更不涉及这些硬件和软件的实现问题。由此可见，计算机网络体系结构是抽象的，是存在于书面上的对精确定义的描述。

知识点 2　1984 年 10 月 15 日，国际标准化组织（ISO）公布了开发系统互联参考模型 OSI（Open System Interconnection），它概括了网络通信所需要的全部功能。ISO/OSI 参考模型从逻辑上把网络通信功能分为 7 层，每一层定义一个独立的功能，最高层为应用层，最底层为物理层。ISO/OSI 参考模型如图 6-2 所示。ISO/OSI 参考模型分层功能如表 6-1 所示。

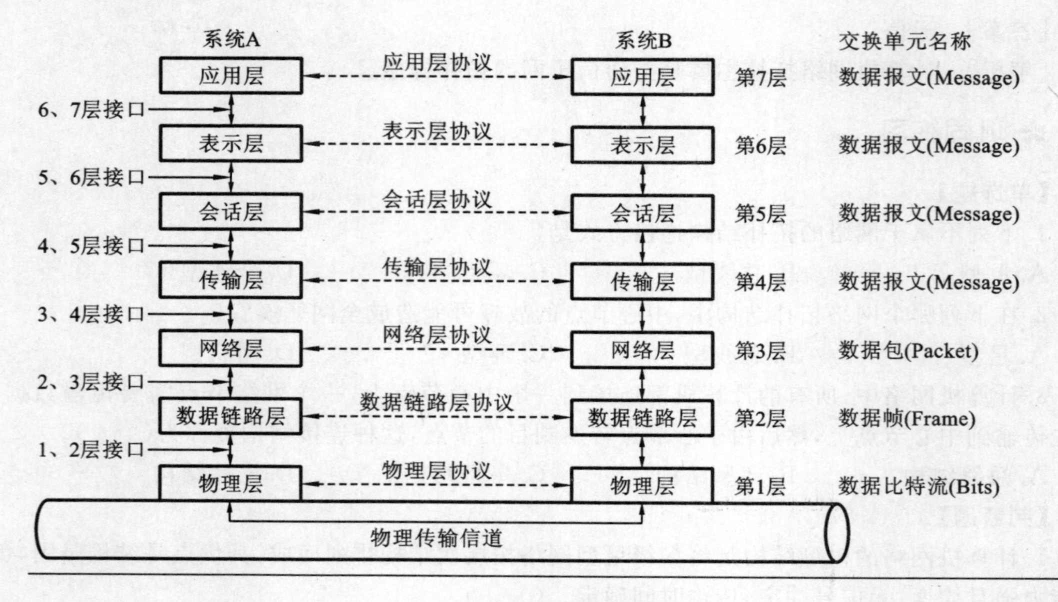

图 6-2 ISO/OSI 参考模型

表 6-1 ISO/OSI 参考模型分层功能

层 次	层 名	基 本 功 能
第 1 层	物理层	通过机械和电气的方式将各站点连接，组成物理通道
第 2 层	数据链路层	进行二进制数据流的传输，并进行差错检测和流量控制
第 3 层	网络层	解决多节点传输时的路由选择，使异种网络能够互联
第 4 层	传输层	通过确保接收的数据具有正确的格式和次序而进行传输数据质量控制
第 5 层	会话层	为不同机器上的用户建立会话关系，进行两个应用进程之间的通信控制
第 6 层	表示层	解决不同数据格式的编码之间的转换，对数据进行加密和压缩
第 7 层	应用层	直接为端点用户提供文件传送、远程登录、网络管理等服务

❖ 例题解析

【单选题】

1. 以下哪一个选项按顺序包括了 OSI 模型的各个层次？（　　）

A. 物理层、数据链路层、网络层、传输层、会话层、表示层和应用层

B. 物理层、数据链路层、网络层、运输层、系统层、表示层和应用层

C. 物理层、数据链路层、网络层、转换层、会话层、表示层和应用层

D. 表示层、数据链路层、网络层、运输层、会话层、物理层和应用层

[答案] A

[解析] ISO/OSI 参考模型定义 7 层为：物理层、数据链路层、网络层、传输层、会话层、表示层和应用层。

【判断题】

1. ISO/OSI 参考模型传输层的基本功能是解决多节点传输时的路由选择，使异种网络能够互联。

[答案] ×

[解析] ISO/OSI 参考模型网络层的基本功能是解决多节点传输时的路由选择，使异种网络能够互联。

【填空题】

1. 计算机网络层次结构模型和各层协议的集合叫做计算机网络(　　)。

[答案] 体系结构

[解析] 计算机网络层次结构模型和各层协议的集合定义为计算机网络体系结构。

✲ 巩固练习

【单选题】

1. OSI 参考模型中的第二层是(　　)。

A. 网络层　　B. 数据链路层　　C. 传输层　　D. 物理层

2. OSI 参考模型的最高层是(　　)。

A. 表示层　　B. 网络层　　C. 应用层　　D. 会话层

3. 按 ISO/OSI 参考模型从逻辑上把网络通信功能分为 7 层，最底层为(　　)。

A. 表示层　　B. 物理层　　C. 数据链路层　　D. 应用层

4. 国际标准化组织(ISO)制定的开放系统互联(OSI)参考模型有 7 个层次，下列层次中最高的是(　　)。

A. 表示层　　B. 网络层　　C. 会话层　　D. 物理层

【判断题】

1. OSI 参考模型中各层的协议相对独立，修改某层的协议不会影响系统其他部分。(　　)

【填空题】

1. OSI 参考模型中的(　　)位于最底层，提供一个物理链接，所传送的数据单位是比特。

2. OSI 参考模型的 7 个层次自高到低分别是：应用层、(　　)、(　　)、传输层、网络层、(　　)和物理层。

【巩固练习答案】

[单选题] 1. B　2. C　3. B　4. A

[判断题] 1. √

[填空题] 1. 物理层　2. 表示层　会话层　数据链路层

6.1.6 TCP/IP 协议

计算机网络的层次及 TCP/IP(Transmission Control Protocol/Internet Protocol，传输控制协议/网络协议)是目前最完整、最被普遍接受的 Internet 通信协议标准。

✲ 精讲点拨

知识点 1 TCP/IP 协议实际上是物理网上的一组完整的网络协议，该协议组分为 4 层：主机接口层(或网络接口层)、互联网层、传输控制层、应用层。TCP/IP 协议与 OSI 参考模型对照如表 6-2 所示。

表 6-2　TCP/IP 协议与 OSI 参考模型对照

<table>
<tr><th>OSI 参考模型</th><th>TCP/IP 协议</th></tr>
<tr><td>应用层</td><td rowspan="2">应用层</td></tr>
<tr><td>表示层</td></tr>
<tr><td>会话层</td><td rowspan="2">传输控制层</td></tr>
<tr><td>传输层</td></tr>
<tr><td>网络层</td><td>互联网层</td></tr>
<tr><td>数据链路层</td><td rowspan="2">主机接口层(或网络接口层)</td></tr>
<tr><td>物理层</td></tr>
</table>

知识点 2　TCP/IP 协议是一个协议组，其中包含两个最主要的协议，即 TCP 协议和 IP 协议。TCP 协议除了能保证可靠的端到端通信，还具有流量控制、差错控制、多路复用等功能；IP 协议主要负责主机间数据路由和网络上数据的存储。

知识拓展

TCP/IP 协议组中的重要协议：

SMTP(Simple Mail Transfer Protocol，简单邮政传输协议)

DNS(Domain Name Service，域名服务)

DSP(Domain Name Protocol，域名服务协议)

FTP(File Transfer Protocol，文件传输协议)

Telnet(远程登录)

HTTP(Hypertext Text Transfer Protocol，超文本传输协议)

❖ 例题解析

【单选题】

1. TCP 协议的主要功能是(　　)。

A. 进行数据分组　　　　B. 保证可靠的数据传输

C. 确定数据传输路径　　D. 提高数据传输速度

[答案]　B

[解析]　TCP 协议除了能保证可靠的端到端通信，还具有流量控制、差错控制、多路复用等功能。

【判断题】

1. 如果 Windows 7 操作系统下的“Internet 协议(TCP/IP)”属性设置为“自动获取 IP 地址”，则用户每次接入宽带网时都会自动获得一个不同的 IP 地址。(　　)

[答案]　√

[解析]　“自动获取 IP 地址”属性指计算机在开机后被自动分配一个随机的 IP 地址。

【填空题】

1. 在 Internet 中，“FTP”代表的含义是(　　)。

[答案]　文件传输协议

［解析］ FTP 文件传输协议是 TCP/IP 协议组中重要的协议之一。

✻ 巩固练习

【单选题】

1. 接收电子邮件采用(　　)协议。

A. POP3　　B. SMTP　　C. IPX　　D. TCP/IP

2. 发送电子邮件采用(　　)协议。

A. POP3　　B. SMTP　　C. IPX　　D. TCP/IP

3. 在 Internet 上，一台计算机可以作为另一台主机的远程终端，从而使用该主机的资源，该项服务称为(　　)。

A. Telnet　　B. BBS　　C. FTP　　D. HTTP

【判断题】

1. ISO/OSI 参考模型与 TCP/IP 一样，都为 7 层协议。(　　)

【填空题】

1. TCP/IP 协议的命名是(　　)。

2. HTTP 协议的命名是(　　)。

【巩固练习答案】

［单选题］ 1. A　2. B　3. A

［判断题］ 1. ×

［填空题］ 1. 传输控制协议/网络互联协议　2. 文件传输协议

6.1.7 常用的计算机网络传输介质

计算机网络传输介质是指在网络中传输信息的载体，常用的传输介质分为有线传输介质和无线传输介质两大类。

✻ 精讲点拨

知识点 1 有线传输介质是指在两个通信设备之间实现的物理连接部分，它能将信号从一方传输到另一方，有线传输介质主要有双绞线、同轴电缆和光纤。双绞线和同轴电缆传输电信号，光纤传输光信号。

1. 双绞线　双绞线分为屏蔽双绞线和非屏蔽双绞线两类。双绞线是用两条拧在一起的互相绝缘的铜线组成，是目前最常用的联网线缆。双绞线价格低廉，安装维护方便，但是其抗干扰性较差，传输率较低。

2. 同轴电缆　同轴电缆分为粗缆和细缆两类。以硬铜线为芯，外包一层绝缘材料。这层绝缘材料又用密织的网状导体环绕，网外再覆盖一层保护性材料，具有屏蔽性好、传输距离远的特点，但安装维护不太方便。

3. 光纤　光纤分为单模光纤和多模光纤两类。光纤重量轻、体积小，抗干扰性好，传输距离长，传输率高，是高安全性网络的最佳选择。

知识点 2 无线传输介质指我们周围的自由空间。通常利用无线电波在自由空间的传播可以实现多种无线通信。在自由空间传输的电磁波根据频谱可将其分为无线电波、微波、红外线、激光等，信息被加载在电磁波上进行传输。

❖ 例题解析

【单选题】

1. 下列哪种类型电缆在安装时费用最高？（　　）

A. 光纤　　B. 非屏蔽双绞线　　C. 屏蔽双绞线　　D. 粗同轴电缆

［答案］ A

［解析］ 光纤价格相对比较高，安装和测试成本也较高。

【判断题】

1. 在网络有线传输介质中，目前容量最大、传输速率最快的媒体是光纤。（　　）

［答案］ √

［解析］ 光纤是利用光在玻璃或塑料制成的纤维中的全反射原理而制成的光传导工具，是目前容量最大、传输速率最快的媒体。

【填空题】

1. 通信介质分为两大类，即有线传输介质和（　　）。有线传输介质包括双绞线、（　　）和光纤。

［答案］ 无线传输介质　同轴电缆

［解析］ 常用的传输介质分为有线传输介质和无线传输介质两大类。有线传输介质主要有双绞线、同轴电缆和光纤。

✼ 巩固练习

【单选题】

1. 下列传输介质中，抗干扰能力最强的是（　　）。

A. 双绞线　　B. 光纤　　C. 同轴电缆　　D. 电话线

2. 目前网络传输介质中传输速率最高的是（　　）。

A. 双绞线　　B. 同轴电缆　　C. 光纤　　D. 电话线

3. 下面（　　）不是网络传输介质。

A. 双绞线　　B. 同轴电缆　　C. 光纤　　D. 并行传输线

【判断题】

1. 光纤的传输速率可达到 100 Mb/s。（　　）

【填空题】

1. 为了提高双绞线的抗干扰能力，可以在双绞线的外面再加上一个用金属丝编织成的屏蔽层，这就是（　　）。

【巩固练习答案】

［单选题］ 1. B　2. C　3. D

［判断题］ 1. √

［填空题］ 1. 屏蔽双绞线

6.1.8 Internet 及典型服务类型

Internet 是目前世界上覆盖最广、最成功的国际计算机网络。1997 年，我国正式确定 Internet 中文名称为“因特网”。

精讲点拨

知识点 1 Internet 的发展史：

◇ 1969 年，由美国国防部高级研究计划署主持研制并建立了用于支持军事研究的计算机实验网络 ARPANET(阿帕网)。

◇ 20 世纪 80 年代中后期，美国国家科学基金会(NSF)希望通过计算机网络将各大学和研究机构的计算机连接起来，出资建立了名为 NSFnet 的广域网。1986—1991 年并入的计算机子网从 100 个增加到 3000 多个，第一次加速了 Internet 的发展。

◇ 2002 年初，Internet 已成为一个多达 180 多个国家和地区的全球计算机通信网络，网上运行的计算机约 2 亿台。

知识点 2 Internet 的特点：

◇ 开放性。对各种类型的计算机开放。

◇ 平等性。整个 Internet 不属于任何个人、任何国家、任何政府或机构，它是一个无所不在的网络，覆盖到了世界各地的各行各业。

◇ 技术通用性。Internet 允许使用各种技术规格的通信媒介。

◇ 广泛性。Internet 规模庞大，内容丰富，是一个包罗万象的网络，具有无穷的信息资源。

知识点 3 Internet 提供的典型服务：

◇ 万维网 WWW(World Wide Web)服务。它是一种建立在 Internet 上的全球性、交互的、动态的、多平台、分布式信息系统网，是一个基于超文本方式的信息检索工具。

◇ 电子邮件(E-mail)服务。用户可以在 Internet 上发送、接收和管理电子邮件。

◇ 文件传输(FTP)服务。文件传输可以在两台远程计算机之间进行。

◇ 搜索引擎(Search Engines)服务。可以对各种信息资源进行搜集整理，然后供用户查询。

◇ 网上聊天服务。可以进入提供聊天室的服务器，与世界各地的人通过多种方式进行交谈。

◇ BBS(Bulletin Board System 电子公告板)服务。为用户提供一个交流意见的场所，能提供信件讨论、软件下载、在线游戏、在线聊天等多种服务。

例题解析

【单选题】

1. 下列选项中，不属于 Internet 提供的服务是(　　)。

A. 电子邮件　　B. 文件传输　　C. BBS　　D. 实时监测控制

[答案]　D

[解析]　Internet 提供的典型服务不包括实时监测控制。

【判断题】

1. 每个网站都有自己的搜索引擎。(　　)

［答案］ ×

［解析］ 有的网站提供搜索引擎，有的网站不提供搜索引擎。

【填空题】

1. 网络术语 BBS 的中文含义是(　　)。

［答案］ 电子公告板

［解析］ BBS 的中文含义是电子公告板。

✲ 巩固练习

【单选题】

1. Internet 为人们提供许多服务项目，最常用的是在 Internet 各站点之间漫游，浏览文本、图形和声音等各种信息，这项服务称为(　　)。

A. 电子邮件　　B. WWW　　C. 文件传输　　D. 网络新闻组

2. 下列不是搜索引擎主要任务的是(　　)。

A. 信息搜集　　B. 信息处理　　C. 信息传输　　D. 信息查询

3. 通常我们用缩写 WWW 表示(　　)。

A. 电子邮件　　B. 万维网　　C. 网络广播　　D. 网络地址

【判断题】

1. BBS 使用者可以阅读关于某个主题的最新看法，但不能将自己的想法发表到公告栏中。(　　)

【填空题】

1. BBS 的访问方式中，Telnet 采用的是网络上的一种(　　)。

【巩固练习答案】

［单选题］ 1. B　2. C　3. B

［判断题］ 1. ×

［填空题］ 1. 远程登录服务

6.1.9 常用网络连接设备(网卡、调制与解调、集线器、交换机、路由器等)

计算机网络中，除了计算机设备之外，还包括网络连接设备，它们具有各自的功能，将节点计算机连接起来，使数据能正确地传输。

❃ 精讲点拨

知识点 1　网卡：

◇ 网卡又称网络适配器，是连接计算机与网络的硬件设备。

◇ 网卡有的集成在计算机主板上，有的插于计算机或服务器的扩展槽中。

◇ 每一块网卡都有自己唯一的卡号，它在网络上向其他设备表明自己的位置和地址，以便与网络上其他网卡区分开来。

知识点 2　调制与解调：

◇ 调制解调器是一种信号转换装置。如果一台计算机要利用电话线联网，必须配置调制解调器。

◇ 调制过程是把计算机输出的数字信号转换成为适合在电话线路上传输的模拟信号。

◇ 解调过程是把来自电话线路的模拟信号转换成为计算机能够接收的数字信号。

知识点 3　中继器：

◇ 由于存在损耗，当局域网物理距离超过了允许的范围时，在网络线路上传输的信号功率会逐渐衰减，衰减到一定程度会造成信号失真，中继器就是为了解决这一问题而设计的。

◇ 中继器对衰减的信号放大，保持与原数据相同。不能通过使用中继器来使网络无限延长。

知识点 4　集线器：

◇ 集线器实际上是一种特殊的中继器。

◇ 集线器可以提供多个计算机连接端口。

◇ 在客户机集中的地方使用集线器，便于网络布线，也便于故障的定位与排除。

知识点 5　网桥：

◇ 网桥是数据链路层互联的设备，在网络互联中它起到数据接收、地址过滤与数据转发的作用，用来实现多个网络系统之间的数据交换。

◇ 网桥是一种存储转发设备。

知识点 6　路由器：

◇ 路由器是一种连接多个网络或网段的网络设备，它能将不同网络或网段之间的数据信息进行解释，使它们能够通信，构成一个更大的网络。

◇ 路由器中保存着各类数据传输路径的相关数据-路径表。

◇ 路由器的主要功能是为数据包寻找和选择到达目标站点的最佳路径。

知识点 7　交换机：

◇ 交换机是一种基于 MAC 地址识别，能完成封装转发数据包功能的网络设备。

◇ 交换机的主要功能包括物理编址、网络拓扑结构、错误校验以及流量控制。

知识点 8　网关：

◇ 网关用于连接不同协议的子网，组成异构的互联网。

◇ 网关能实现异构设备之间的通信。

◇ 网关具有对不兼容的高层协议进行转换的功能。

❖ 例题解析

【单选题】

1. 局域网与广域网、广域网与局域网的互联是通过(　　)设备来实现的。

A. 服务器　　B. 网桥　　C. 路由器　　D. 交换机

[答案]　C

[解析]　局域网与广域网互联是目前常见的互联类型之一。路由器或网关是实现局域网与广域网互联的主要设备；广域网与广域网互联是通过路由器或网关互联起来的，可以分别联入各个广域网的主机资源，以便能够共享。

【判断题】

1. 高层互联是指传输层及其以上各层协议不同的网络之间的互联，实现高层互联的设备是网关。(　　)

[答案]　√

［解析］ 实现高层互联的设备是网关。高层互联使用较多的是应用层网关，简称应用网关。

【填空题】

1. 为了利用邮电系统共用电话网的线路来传输计算机数字信号，必须配置（　　）。

［答案］ 调制解调器

［解析］ 调制解调器是一种信号转换装置。如果一台计算机要利用电话线联网，必须配置调制解调器。

✻ 巩固练习

【单选题】

1. 在网络适配管理的功能描述中，下列说法错误的是（　　）。

A. 识别网络中的各种设备，记录并维护设备参数表

B. 用适当的软件设置参数值和配置设备

C. 初始化、启动和关闭网络或网络设备

D. 自动检测网络硬件和软件中的故障并通知用户

2. 调制解调器的作用是（　　）。

A. 将计算机的数字信号转换成模拟信号　B. 将模拟信号转换成计算机的数字信号

C. 将计算机的数字信号与模拟信号互相转换　D. 为了上网与接电话两不误

3. 如果需要连接两个以上的同类网络，应该使用（　　）作为网络连接器。

A. 中继器　B. 网桥　C. 路由器　D. 网关

4. 有一种互联设备工作于网络层，它既可以用于相同网络间的互联，也可以用于异构网络的互联，这种设备是（　　）。

A. 集线器　B. 交换机　C. 路由器　D. 网关

【判断题】

1. 可以利用路由器、网关将几个局域网与广域网互联。（　　）

2. 集线器、路由器、网桥以及网关等都是常用的网络连接设备。（　　）

【填空题】

1. 当个人计算机以拨号方式接入到 Internet 时，必须使用的设备是（　　）。

【巩固练习答案】

［单选题］ 1. D　2. C　3. C　4. C

［判断题］ 1. √　2. √

［填空题］ 1. 调制解调器

6.2 计算机局域网

6.2.1 局域网的种类

局域网从传统的分类和发展的观点可以分为以太网（Ethernet）、令牌环网（Token Ring）、令牌总线网（Token Bus）和光纤分布式数据接口（FDDI）。

❋ 精讲点拨

知识点 1　以太网(Ethernet)如图 6-3 所示。

◇ 以太网最早由美国 Xerox 公司创建、3COM 公司发展，成为全世界应用最广泛的局域网。

◇ 最早的以太网为总线型，传输介质为粗缆和细缆，采用广播式通信。

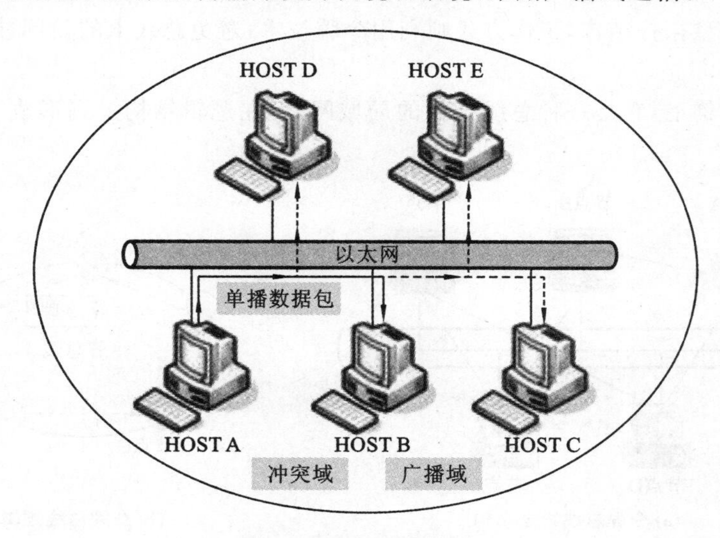

图 6-3　以太网(Ethernet)

知识点 2　令牌环网(Token Ring)如图 6-4 所示。

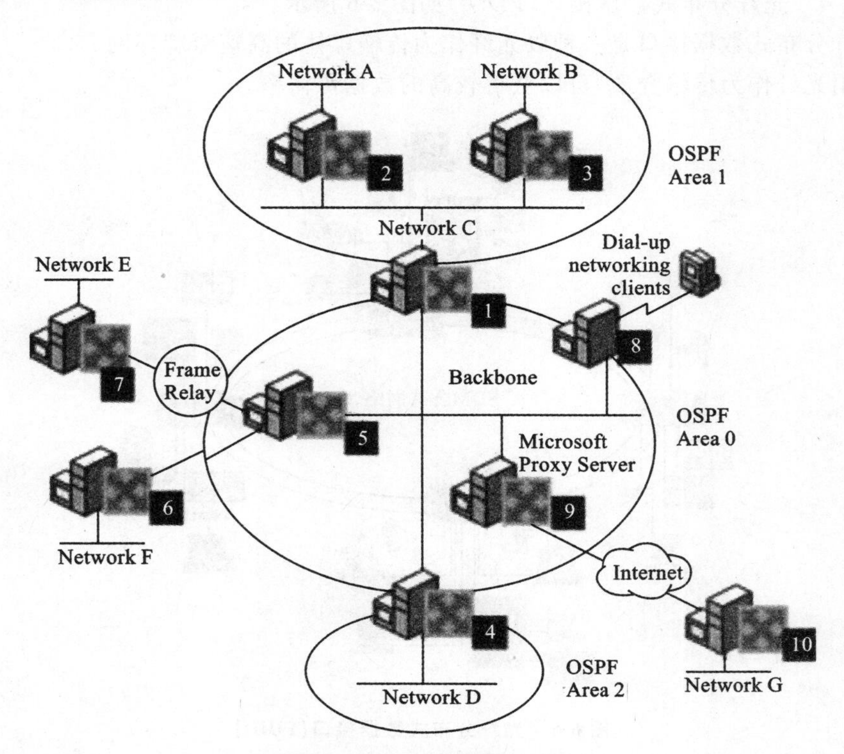

图 6-4　令牌环网(Token Ring)

◇ 令牌环网由 IBM 公司开发。

◇ 拓扑结构采用环型结构,各站点通过环接口与网络相通。

◇ 信息传递是单方向地环绕而行。

知识点 3 令牌总线网(Token Bus)如图 6-5 所示。

◇ 令牌总线网由 IBM 公司开发。

◇ 采用总线型拓扑结构,工作方式则利用令牌技术,避免总线上的访问冲突,以提高信道的利用效率。

◇ 在物理结构上,它是一种总线结构的局域网,但在逻辑结构上则形成了一种环型结构的局域网。

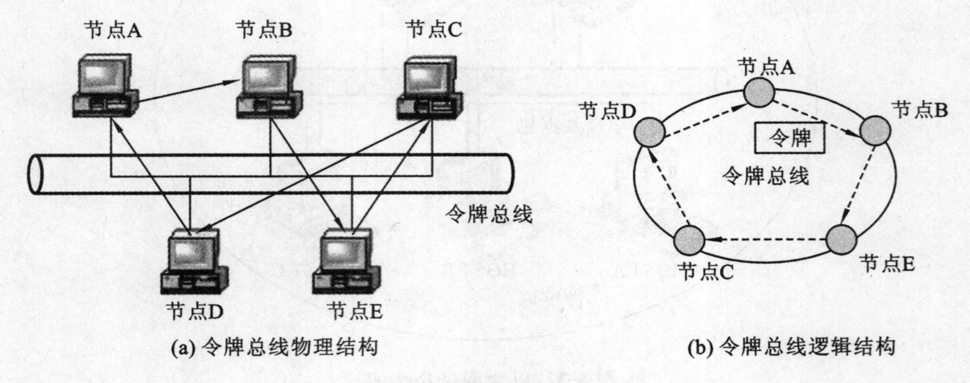

图 6-5 令牌总线网(Token Bus)

知识点 4 光纤分布式数据接口(FDDI)如图 6-6 所示。

◇ 光纤分布式数据接口是一种以光纤作为传输媒体的高速令牌环网。

◇ 采用光纤作为传输介质,可以获得较高的数据传输率。

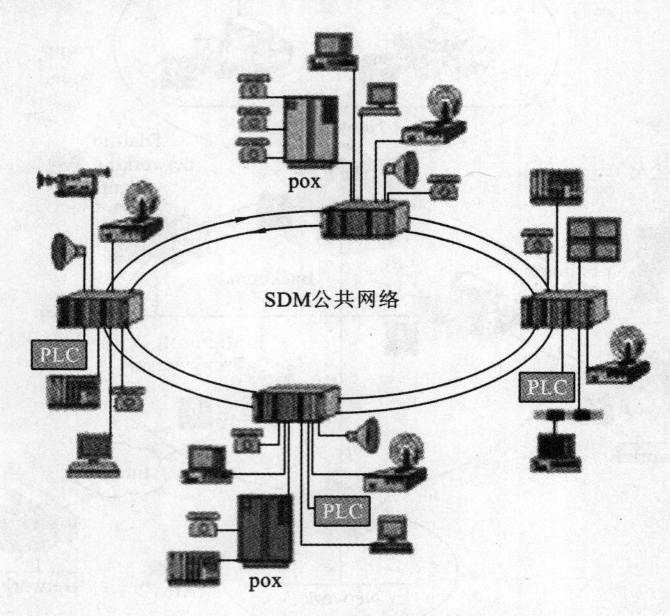

图 6-6 光纤分布式数据接口(FDDI)

※ 例题解析

【单选题】

1. FDDI 中副环的主要功能是(　　)。

A. 副环和主环交替工作　　B. 主环忙时,副环帮助传输数据

C. 主环发生故障,副环代替主环工作　　D. 主环发生故障,主环和副环构成一个新环

[答案]　D

[解析]　FDDI 中,在正常操作状态下,只使用主环传输数据,副环处于空闲状态。当主环出现故障时,通过主环到副环的回绕来保证 FDDI 环操作的连续性。

【判断题】

1. 令牌环网、令牌总线网都是由 IBM 公司开发的。(　　)

[答案]　√

[解析]　令牌环网、令牌总线网都是由 IBM 公司开发的。

【填空题】

1. 计算机局域网的种类有以太网、(　　)、(　　)、光纤分布式数据接口。

[答案]　令牌环网　令牌总线网

[解析]　局域网从传统的分类和发展的观点可以分为以太网(Ethernet)、令牌环网(Token Ring)、令牌总线网(Token Bus)和光纤分布式数据接口(FDDI)。

※ 巩固练习

【单选题】

1. (　　)是一种以光纤作为传输介质的高速主干环网技术。

A. WDWM 技术　　B. ATM 技术　　C. FDDI 技术　　D. 以太网技术

2. 以下(　　)不属于局域网。

A. Ethernet　　B. Token Bus　　C. Token Ring　　D. CHINANET

【填空题】

1. 局域网内各个计算机均以平等的身份出现,彼此没有主从之分,这称为(　　)模式。

2. 以太网以(　　)拓扑结构连接各计算机和服务器,采用广播式通信。

【巩固练习答案】

[单选题]　1. C　2. D

[填空题]　1. 对等　2. 总线型

6.2.2　常用网络设备

计算机局域网常用网络设备包括传输介质、网络适配器、局域网连接设备等。

※ 精讲点拨

知识点 1　传输介质包括同轴电缆、双绞线、光纤等。

◇ 同轴电缆由内层导体、内层导体环绕绝缘层、绝缘层以外的金属屏蔽网和最外层的护套组成,如图 6-7 所示。

◇ 双绞线是由相互按一定扭矩绞合在一起的类似电话线的传输介质,每根线加绝缘层并

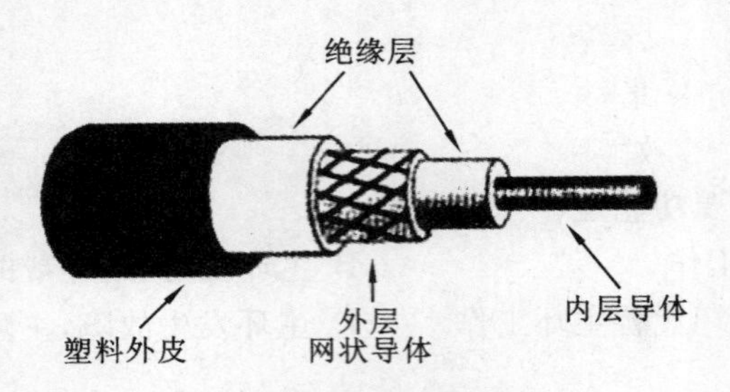

图 6-7 同轴电缆结构图

有色标来标记，如图 6-8 所示。双绞线可分为非屏蔽双绞线(Unshielded Twisted Pair，UTP)和屏蔽双绞线(Shielded Twisted Pair，STP)两类。

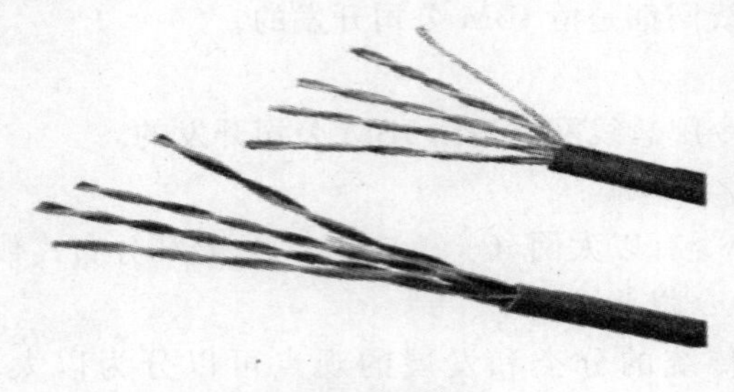

图 6-8 双绞线

◇ 光纤是由许多细如发丝的塑胶或玻璃纤维并加绝缘外套组成，如图 6-9 所示。光纤的传输信息是光束，而非电气信号。

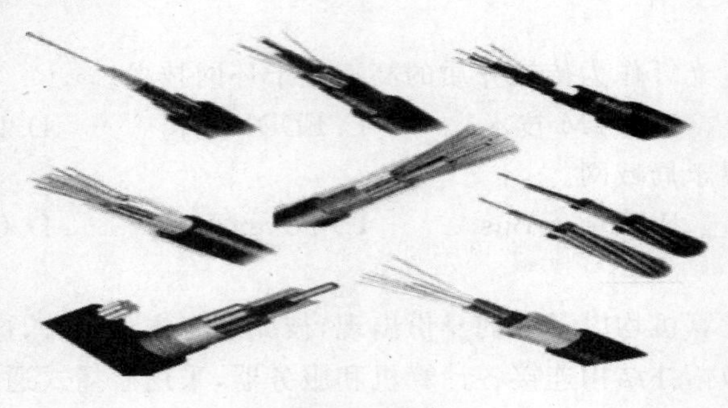

图 6-9 光纤

知识点 2 网络适配器(见图 6-10)又称网卡，它负责将用户要传递的数据转化为网络上其他设备能够识别的格式。

图 6-10 网络适配器

知识点 3 局域网连接设备包括集线器、交换机。

◇ 集线器是对网络进行集中管理的最小单元。它是一个共享设备，相当于中继器的功能。因为集线器是一个信号放大和中转的设备，所以它不具备自动寻址能力，即不具备交换作用，如图 6-11 所示。

图 6-11 集线器

◇ 交换机按每一个包中的 MAC 地址相对简单地决策信息转发，如图 6-12 所示。

图 6-12 交换机

❖ 例题解析

【单选题】

1. 以太网交换机是按照(　　)进行转发的。

A. MAC 地址　　B. IP 地址　　C. 协议类型　　D. 端口号

［答案］ A

［解析］ 以太网交换机按每一个包中的 MAC 地址决策信息转发。

【判断题】

1. 局域网中的集线器具备自动寻址功能。(　　)

［答案］ ×

［解析］ 集线器是一个信号放大和中转的设备，所以它不具备自动寻址能力，即不具备交换作用。

【填空题】

1. 双绞线可以分为屏蔽双绞线和(　　)双绞线。

［答案］ 非屏蔽

［解析］ 双绞线可分为非屏蔽双绞线和屏蔽双绞线两类。

✲ 巩固练习

【单选题】

1. 目前，局域网的传输介质主要是(　　)。

A. 电话线　　B. 通信卫星　　C. 光纤　　D. 公共数据网

2. 计算机联入局域网需要安装(　　)。

A. MODEM　　B. 网卡　　C. 电话线　　D. 解压卡

3. 双绞线由两根具有绝缘保护层的铜导线按一定密度相互绞在一起组成，这样可以(　　)。

A. 降低信号干扰程度　　B. 降低成本

C. 提高传输速度　　D. 没有任何作用

【判断题】

1. 每块网卡都有一个唯一的 MAC 地址。(　　)

【填空题】

1. 网卡的全名是(　　)。

2. 100 Mb/s 快速以太网系统内的集线器按结构分为(　　)和交换型。

【巩固练习答案】

[单选题]　1. C　2. B　3. A

[判断题]　1. √

[填空题]　1. 网络适配器　2. 共享型

6.2.3　组网方法

对等网用在办公局域网领域,可以把几个办公室的若干计算机连在一起,实现共享打印机、传递文件、召开网上会议、共享多种办公软件进行协同办公等。下面介绍办公局域网组建时的软件、硬件安装方法。

❃ 精讲点拨

知识点 1　网络设备的购置:

◇ 为每台入网的计算机购买一块网卡。

◇ 根据入网计算机数量和要求速度确定交换机或集线器端口数和传输速率。

◇ 需 5 类双绞线若干条,长度根据网络计算机摆放位置和距离而定。

◇ RJ-45 接头。每根网线的两端都需要它来和网卡、交换机或集线器连接。

知识点 2　安装网卡和铺设网线:

◇ 首先,每台计算机需要安装网卡。

◇ 其次,给每根双绞线两端加装 RJ-45 接头,注意制作时双绞线中的 8 根细线有一定的缠绕和排列顺序。

◇ 最后,将每台计算机用双绞线和交换机或集线器连接起来,接上交换机或集线器的电源,这样就架设好计算机物理网络。

知识点 3　安装和设置软件:

◇ 安装网卡驱动程序。

◇ Windows 7 系统支持即插即用功能,Windows 7 会自动检测出添加的即插即用型设备,并为之安装驱动程序或自动启动新硬件安装向导,用户可根据提示步骤进行安装。

知识点 4　配置 TCP/IP 协议:

◇ Windows 7 系统下进入“控制面板”窗口,选择“网络和 Internet”进入“网络共享中心”,选择“更改适配器设置”,如图 6-13 所示。

◇ 双击“本地连接”,进入“本地连接”属性对话框,选择“Internet 协议版本 4(TCP/IPv4)”,如图 6-14 所示。

◇ 在“Internet 协议版本 4(TCP/IPv4) 属性”对话框中,如图 6-15 所示,在“IP 地址”填

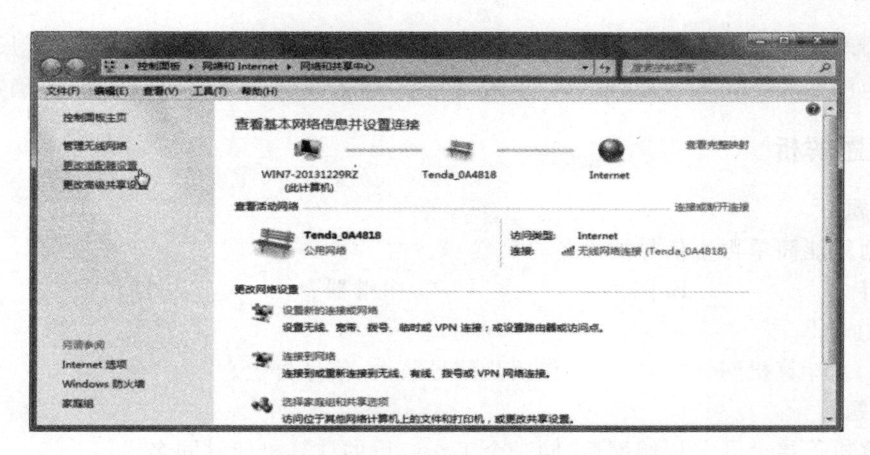

图 6-13　“网络共享中心”窗口

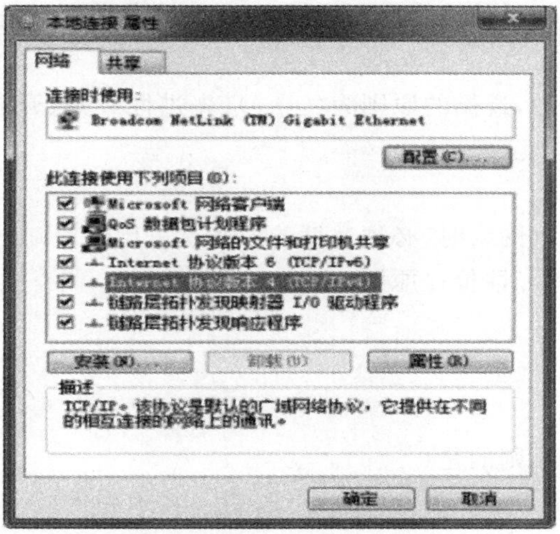

图 6-14　“本地连接”属性对话框

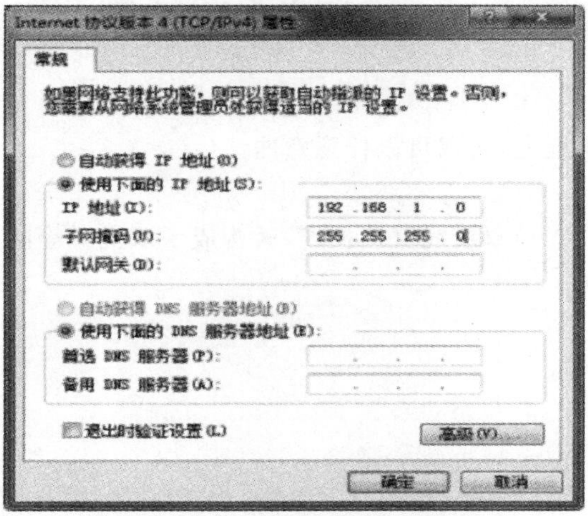

图 6-15　“Internet 协议版本 4(TCP/IPv4) 属性”对话框

入“192.168.0.1”，其他计算机可以采用将最后一位数字依次加1来分配IP地址，只要最后一位的取值范围在1～255之间即可，在“子网掩码”中填入“255.255.255.0”，单击“确定”按钮。

❖ 例题解析

【单选题】

1. 下列只能简单再生信号的设备是(　　)。

A. 网卡　　B. 网桥　　C. 中继器　　D. 路由器

[答案]　C

[解析]　计算机网络中，中继器作用是信号放大、信号再生。

【判断题】

1. 计算机连接上办公局域网后，同一个工作组里的计算机能够同名。(　　)

[答案]　×

[解析]　同一个工作组里的计算机不能同名，否则网络将无法正确识别计算机。

【填空题】

1. 在设计计算机网络时，遵循的原则为(　　)、先进性原则、开放性原则、可扩展性原则、安全性原则和性价比原则。

[答案]　可用性原则

[解析]　在设计计算机网络时，必须遵循的原则有可用性原则、先进性原则、开放性原则、可扩展性原则、安全性原则和性价比原则。

✲ 巩固练习

【单选题】

1. 下面不是设备选型原则的是(　　)。

A. 设备价格低廉　　B. 设备技术先进

C. 设备售后服务　　D. 生产厂家信誉

2. 在局域网中，价格低廉且可靠性高的传输介质是(　　)。

A. 粗同轴电缆　　B. 细同轴电缆

C. 双绞线　　D. 光纤

【判断题】

1. 光纤布线时由于不耗电，所以可以任意弯曲。(　　)

【填空题】

1. 两台计算机通过(　　)双绞线直接相连，就构成了双机对等网。

2. RJ-45 接头又称为(　　)。

【巩固练习答案】

[单选题]　1. A　2. C

[判断题]　1. ×

[填空题]　1. 交叉　2. 水晶头

6.3 常用网络操作系统

6.3.1 概念

网络操作系统(NOS)是网络的心脏和灵魂,是向网络计算机提供服务的特殊的操作系统。它在计算机操作系统下工作,使计算机操作系统增加了网络操作所需要的能力。常用的网络操作系统有 Windows 系统、NetWare 系统、Unix 系统 、Linux 系统等。

❃ 精讲点拨

知识点 1 Windows 系统:

◇ 这是全球最大的软件开发商——Microsoft(微软)公司开发的。

◇ 在局域网中,微软的网络操作系统主要有:Windows NT 4.0 Serve、Windows 2000 Server/Advance Server,以及最新的 Windows 2003 Server/ Advance Server 等。

知识点 2 NetWare 系统:

◇ 兼容 DOS 命令,其应用环境与 DOS 相似,经过长时间的发展,具有相当丰富的应用软件支持,技术完善、可靠。

◇ 目前常用的版本有 3.11、3.12 和 4.10 、V4.11、V5.0 等中英文版本,这些版本提高了计算机的可靠性及可用性。

◇ 目前这种操作系统的市场占有率呈下降趋势,这部分的市场主要被 Windows NT/2000 和 Linux 系统瓜分了。

知识点 3 Unix 系统:

◇ 由 AT&T 和 SCO 公司推出,支持网络文件系统服务,提供数据等应用,功能强大。

◇ 这种网络操作系统稳定和安全性能非常好,但由于它多数是以命令方式来进行操作的,不容易掌握,特别是初级用户。

◇ 目前 Unix 网络操作系统的版本有:AT&T 和 SCO 公司的 UNIXSVR3.2、SVR4.0 和 SVR4.2 等。

知识点 4 Linux 系统:

◇ 这是一种新型的网络操作系统,它的最大特点就是源代码开放,可以免费得到许多应用程序。

◇ 在国内得到了用户充分的肯定,主要体现在它的安全性和稳定性方面,它与 Unix 系统有许多类似之处。

❖ 例题解析

【单选题】

1. 以下选项中,(　　)不属于网络操作系统范畴。

A. Unix　　　　B. DOS

C. Linux　　　　D. Windows 2003 Server

［答案］ B

［解析］ 常用的网络操作系统有 Windows 系统、NetWare 系统、Unix 系统 、Linux 系统等，DOS 不属于网络操作系统。

【判断题】

1. Unix 系统稳定和安全性能非常好，但由于它多数是以命令方式来进行操作的，初级用户不容易掌握。（　　）

［答案］ √

［解析］ Unix 系统稳定性和安全性非常好，但由于它多数是以命令方式来进行操作的，特别是对初级用户，不容易掌握。

【填空题】

1. 操作系统是用户与计算机之间的接口，网络操作系统可以理解为（　　）与计算机网络之间的接口。

［答案］ 网络用户

［解析］ 网络操作系统是网络用户与计算机网络之间的接口。

✻ 巩固练习

【单选题】

1. 测试网络连通性的命令是（　　）。

A. net　　B. ping　　C. cmd　　D. ipconfig

2. Windows 2003 Server 不支持以下哪种文件系统？（　　）

A. FAT16　　B. NTFS　　C. FAT32　　D. ext2

3. 下面不属于网络操作系统的功能是（　　）。

A. 支持主机之间的通信

B. 各主机之间相互协作，共同完成一个任务

C. 提供多种网络服务

D. 资源共享

【判断题】

1. Windows NT 操作系统和 Unix 操作系统或 Linux 操作系统均适合做网络服务器的基本平台工作。（　　）

【填空题】

1. Web 服务、大型数据库服务等都是典型的（　　）模式，是近年来流行的应用模式。

2. 在安装 Windows 2003 Server 后，系统会自动创建两个全局账号，一个是 Administrator，另一个是（　　）。

【巩固练习答案】

［单选题］ 1. B　2. D　3. B

［判断题］ 1. √

［填空题］ 1. 客户机/服务器　2. Guest

6.4　Internet

6.4.1　IP 地址(IPv4 和 IPv6)

为了在网络环境下实现计算机之间的通信，要求网络中的任何一台计算机都有一个统一编号的地址，并且在同一个网络中的地址不允许重复，此地址称为 IP 地址。现有的互联网是在 IPv4 协议的基础上运行的。IPv6 是下一版本的互联网协议，它的提出最初是因为随着互联网的迅速发展，IPv4 定义的有限空间将被耗尽，地址空间的不足必将妨碍互联网的进一步发展。

❀ 精讲点拨

知识点 1　IP 地址(IPv4)：

◇ IP 地址为二进制 32 位(bit)，占 4 个字节，可以标记的主机数一共为 2^{32} 个。

◇ 为了方便用户理解和记忆，采用带点的十进制标记法，每个字节的 8 位二进制数值用一个十进制数值表示，数值间用点“.”隔开。

◇ IP 地址由两部分构成：一部分是网络标识(Net ID)，称网络 ID；另一部分是主机标识(Host ID)，称主机 ID。

◇ Internet 管理机构已经将 IP 地址进行了分类，以适应不同规模的网络。根据网络规模中主机总数的大小分为 A、B、C、D、E 等 5 类，如表 6-3 所示。

表 6-3　5 类 IP 地址格式

类　　别	第一字节	第二字节	第三字节	第四字节
A类	0　网络号			
B类	10	网络号	主机号	
C类	110	网络号		主机号
D类	1110	组播地址		
E类	1110	保留以后使用		

◇ 表 6-4 给出了 IP 地址的第一个十进制数与网络 ID 和主机 ID 之间的关系及总数。这里用 W. X. Y. Z 表示一个 IP 地址。

表 6-4　IP 地址的分类

网络类型	W 值	网络 ID	主机 ID	网络总数	每个网络中的主机总数
A类	1～126	W	X. Y. Z	126	16777214
B类	128～191	W. X	Y. Z	16384	65534
C类	192～223	W. X. Y	Z	2097151	254

知识点 2　子网掩码：

◇ 在 IP 地址的使用中，还要使用子网掩码，作用是识别网络 ID 和主机 ID，主要用于 IP 子网的划分。

◇ 子网掩码是一个32位二进制数，常用4个字段来表示以“.”分隔的十进制数，用于“屏蔽”IP地址的一部分，使得IP包的接收者从IP地址中分离出网络ID和主机ID。

◇ 子网掩码中二进制数为“1”的位可分离出网络ID，而为“0”的位分离出主机ID，如表6-5所示。

表 6-5 标准 IP 地址类的子网掩码

地址类型	子网掩码位(二进制)	子网掩码
A类	11111111 00000000 00000000 00000000	255.0.0.0
B类	11111111 11111111 00000000 00000000	255.255.0.0
C类	11111111 11111111 11111111 00000000	255.255.255.0

知识点3 IP地址(IPv6)：

◇ IPv6采用128位地址长度，几乎可以不受限制提供地址。

◇ IPv6地址解决了在IPv4中不好解决的一些其他问题，主要有端到端IP连接、服务质量、安全性、多播、移动性、即插即用等特点。

知识拓展

IPv6的主要优势：

(1)明显扩大地址空间；

(2)提高网络整体吞吐量；

(3)改善服务质量；

(4)安全性有了更好的保障；

(5)更好地实现多播功能。

❖ 例题解析

【单选题】

1. 以下由数字和圆点构成的字符串中，可以作为有效的IP地址的是(　　)。

A. 192.168.4.1　　B. 192.256.4.1

C. 192.368.4.1　　D. 192.168.4.277

[答案] A

[解析] 有效IP地址的4个字节最大不能超过255。

【判断题】

1. 202.196.10.1属于C类IP地址。(　　)

[答案] ×

[解析] C类地址的第一个字节的范围在192.0.1.1～223.255.255.254之间。

【填空题】

1. IPv4地址由(　　)位二进制构成。

[答案] 32

[解析] IPv4地址为二进制32位(bit)，占4个字节，可以标记的主机数一共为2^{32}个。

✲ 巩固练习

【单选题】

1. IPv6 是一种(　　)。

A. 协议　　B. 图像处理软件　　C. 浏览器　　D. 文字处理软件

2. 以下正确的 IP 地址是(　　)。

A. 202.202.1　　B. 202.112.111.1　　C. 201.257.14.13　　D. 201.256.23.8

3. 以下属于 C 类 IP 地址的是(　　)。

A. 141.0.0.0　　B. 3.3.3.3　　C. 197.234.111.1　　D. 23.34.45.56

4. IP 地址是一个 32 位的二进制数,它通常采用点分(　　)。

A. 二进制数表示　　B. 八进制数表示

C. 十进制数表示　　D. 十六进制数表示

【判断题】

1. 网络上任何一台计算机的 IP 地址是唯一的。(　　)

【填空题】

1. IP 地址由两个字段构成,它们是网络号字段和(　　)。

2. 常用的 IP 地址有 A、B、C 3 类,122.11.3.31 是一个(　　)地址,其网络标识为(　　)。

【巩固练习答案】

[单选题]　1. A　2. B　3. C　4. C

[判断题]　1. ×

[填空题]　1. 主机号字段　2. A 类　122

6.4.2　域名

IP 地址是用数字来表示主机的地址,很显然是不容易记忆的。为了便于理解、记忆和交流主机的地址,要用字母缩写来代表 IP 地址,这就是域名。

✲ 精讲点拨

知识点 1　IP 地址与域名:

◇ 域名是 IP 地址的字母表示方法,优点是记忆方便。

◇ 域名是以小地址在前、大地址在后的方式为互联网的每一台主机取一个见名知意的地址。

◇ 以“.”分开,最前面的是主机名,其后是子域名,最后是顶级域名。

知识点 2　域名系统:

◇ 需要一整套将字串式的地址翻译成对应的 IP 地址,这一命令方法及名字转换成 IP 地址的翻译系统,就构成域名系统(DNS)。

◇ 域名中的区域(或称顶级域名,在域名中的最右部分)可分成两大类:一类是按机构类型分类,如表 6-6 所示;另一类是按国家和地区分类,如表 6-7 所示。

表 6-6　通用国际顶级域名

传统域名	含　义	新增域名	含　义
com	商业机构	info	信息服务机构
edu	教育机构	firm	公司企业机构
gov	政府部门	shop	销售公司和企业
int	国际机构	web	万维网机构
mil	军事机构	arts	文化娱乐机构
net	网络机构	rec	消遣娱乐机构
org	非营利机构	nom	个人

表 6-7　常用国家和地区域名

域　名	国家或地区	域　名	国家或地区
at	奥地利	fr	法国
au	澳大利亚	gb	英国
be	比利时	no	挪威
ca	加拿大	it	意大利
cn	中国	jp	日本
de	德国	ru	俄罗斯
es	西班牙	tw	中国台湾

❖ 例题解析

【单选题】

1. 域名服务器的作用是(　　)。

A. 保存域名　　B. 管理域名

C. 为 IP 地址起名　　D. 将收到的域名解释为 IP 地址

[答案]　D

[解析]　域名是 IP 地址的字母表示方法,计算机内部不能识别,域名服务器是将收到的域名解释为 IP 地址,从而使计算机可以识别。

【判断题】

1. 顶级域名 cn 表示中国。(　　)

[答案]　√

[解析]　常用国家和地区域名中 cn 表示中国。

【填空题】

1. DNS(域名系统)完成的工作是实现域名到(　　)之间的映射。

[答案]　IP 地址

[解析]　DNS 将字串式的地址翻译成对应的 IP 地址,从而完成域名到 IP 地址的映射。

✻ 巩固练习

【单选题】

1. 在美国用顶级域名来区分机构或组织的性质,其中表示商业实体的是(　　)。

A. com　　B. gov　　C. mil　　D. org

2. Internet 上计算机的名字由许多域构成，域间使用的分隔符号是(　　)。

A. 逗号　　B. 分号　　C. 小圆点号　　D. 冒号

3. 以下关于 IP 地址和 Internet 域名关系说法中正确的是(　　)。

A. 多个 IP 地址可以对应一个域名　　B. 一个 IP 地址只能对应一个域名

C. 一个 IP 地址可以对应多个域名　　D. IP 地址和域名没有关系

【判断题】

1. 域名 mh. bit. edu. cn 的最高域名是 mh。(　　)

【填空题】

1. 根据 Internet 的域名代码规定，域名中的(　　)表示政府部门网站。

2. 从 www. cq. edu. cn 可以看出它是一个中国的(　　)部门网站。

【巩固练习答案】

[单选题]　1. A　2. C　3. C

[判断题]　1. ×

[填空题]　1. gov　2. 教育

6.4.3　接入方法

要想访问 Internet 所提供的服务，用户必须通过 ISP 把自己的计算机接入 Internet。而 Internet 为公众提供了各种接入方式，以满足用户的不同要求。这包括：通过电话拨号入网、通过分组入网、通过专线(DDN)入网、通过 ADSL Modem 入网。

❀ 精讲点拨

知识点 1　通过拨号入网。

◇ 终端方式。利用计算机上的仿真软件，把计算机仿真成主机终端。这种方法的费用低，对个人计算机的性能要求不高。缺点是没有 IP 地址，无法使用高级的用户接口软件。

◇ 拨号 IP 方式。利用连接电话线的调制解调器和点对点协议，把个人计算机和主机连接起来。

◇ ISDN 方式也称为综合业务数据网，能够直接传递数字信号，能够提供比普通电话更加丰富、容量更大的服务。

知识点 2　通过分组入网。

◇ 这种方式适用于分组网的所有用户，每个用户都可以使用互联网的基本服务。

◇ 要求用户端配置支持分组网的通信软件，主要用于金融、银行、邮电、商业网点等集体用户。

知识点 3　通过专线入网(DDN 专线)。

◇ 适合局域网用户使用，通信速率高。

◇ 用户端要配置租用专线，申请 IP 地址及域名。

知识点 4　通过 ADSL Modem 入网(宽带入网)。

◇ ADSL(Asymmetrical Digital Subscriber Line，非对称数字用户线路)通过电话专线可以达到下行 8 Mb/s、上行 1.5 Mb/s 的传输速率(称为非对称)。

◇ 连接两端使用 ADSL Modem，用电话专线接入 Internet。

※ 例题解析

【单选题】

1. 个人计算机通过宽带连接 Internet 时,主要使用(　　)连接到网络。

A. 电话线　　B. 闭路电视　　C. 双绞线　　D. 同轴电缆

[答案]　A

[解析]　个人计算机主要通过拨号方式上网,主要是利用电话线将个人计算机连接到网络。

【判断题】

1. ISDN 方式能够提供比普通电话更加丰富、容量更大的服务。(　　)

[答案]　√

[解析]　ISDN 方式也称为综合业务数据网,能够直接传递数字信号,能够提供比普通电话更加丰富、容量更大的服务。

【填空题】

1. ADSL 的中文名称是(　　)。

[答案]　非对称数字用户线路

[解析]　ADSL(Asymmetrical Digital Subscriber Line,非对称数字用户线路)通过电话专线可以达到下行 8 Mb/s、上行 1.5 Mb/s 的传输率(称为非对称)。

※ 巩固练习

【单选题】

1. IP 网常用设备包括网络交换机、接入服务器、光纤收发器和(　　)。

A. 路由器　　B. 电话机　　C. 传真机　　D. 打印机

2. 关于 ADSL 技术,下面说法不正确的是(　　)。

A. ADSL 采用不对称的传输技术　　B. ADSL 采用了时分复用技术

C. ADSL 下行速率可以达到 8 Mb/s　　D. ADSL 采用了频分复用技术

【判断题】

1. 无线接入是一种自由的接入方式。(　　)

2. ADSL 技术属于对称的 DSL 技术。(　　)

【填空题】

1. ADSL 传输距离越远,传输速率越(　　)。

【巩固练习答案】

[单选题]　1. A　2. B

[判断题]　1. √　2. ×

[填空题]　1. 低

6.4.4　信息浏览

要想进入 Internet 世界,就要拥有一个界面友好、功能强大、使用简单的浏览器。由搜索引擎的工作原理,信息浏览可分为两种类型:一类是纯技术型的全文检索搜索引擎;另一类是分类目录。

❀ 精讲点拨

知识点1 浏览网页。

◇ 目前常用的浏览器有:Firefox、Safari、360浏览器、Internet Explorer(IE)等。

◇ 中文版本的Internet Explorer是美国微软公司随着Windows 7操作系统发行的一个Internet浏览器,是当今最流行的浏览器软件之一。

◇ 通过浏览器可以搜索Web站点,可以保存网页等。

知识点2 网络搜索引擎。

◇ Google是目前互联网上最强大的搜索引擎。

◇ 搜索引擎原理是通过机械手(Spider程序)到各个网站收集、存储信息,并建立索引数据库供用户查询。

❀ 例题解析

【单选题】

1. 在Internet上查找信息使用的有效工具是(　　)。

A. 网站　　B. 搜索引擎　　C. 搜索软件　　D. Windows操作系统

[答案] B

[解析] 搜索引擎是在Internet上查找信息的有效工具。

【判断题】

1. 桌面上可以保存多个网站地址的快捷图标。(　　)

[答案] √

[解析] 桌面上能够保存的网站的快捷图标的数量不受限制。

【填空题】

1. 为了更好地记录和管理经常使用的网页,浏览器提供了(　　)功能。

[答案] 收藏夹

[解析] 用户在浏览Internet的时候,常会遇到自己以后可能再次访问的网页,浏览器的"收藏夹"功能可以帮助用户记录和管理这些网页地址。

❀ 巩固练习

【单选题】

1. 浏览网页过程中,当鼠标移动到已设置了超链接的区域时,鼠标指针形状一般变为(　　)。

A. 小手形状　　B. 双向箭头　　C. 禁止图案　　D. 下拉箭头

2. 下列软件中可以查看WWW信息的是(　　)。

A. 游戏软件　　B. 财务软件　　C. 杀毒软件　　D. 浏览器软件

3. Internet Explorer(IE)浏览器的"收藏夹"的主要作用是收藏(　　)。

A. 图片　　B. 邮件　　C. 网址　　D. 文档

【判断题】

1. IE浏览器能够使用户方便地使用Internet上的电子邮件和网络新闻服务。(　　)

2. Google是一种网络搜索引擎。(　　)

【填空题】

1. 当用户用浏览器浏览一个网站的主页时，信息是采用(　　)协议传输的。

【巩固练习答案】

[单选题] 1. A　2. D　3. C

[判断题] 1. √　2. √

[填空题] 1. 超文本传输(HTTP)

6.4.5 电子邮件

电子邮件(Electronic Mail)简称 E-mail，它是通过计算机网络与其他计算机用户进行连络的一种现代化通信工具，其特点是：快速、安全、高效、廉价。电子邮件服务是 Internet 提供的一项最基本的服务，通过它可以向世界上任何一个角落的网上用户发送信息。

❊ 精讲点拨

知识点 1　电子邮件地址格式：用户名@域名。@是英文 at 的意思，电子邮件地址是表示在某部主机上的一个使用者账号。

知识点 2　电子邮件工作过程遵循客户端/服务器模式。

◇ 每份电子邮件的发送都要涉及发件人与收件人，发送方构成客户端，接收方构成服务器，服务器含有众多用户的电子邮箱。

◇ ISP 主机负责电子邮件的接收，ISP 主机起着“邮局”的作用，管理着众多用户的电子邮箱。

◇ 当发送一条电子邮件给另一个收件人时，电子邮件首先从发件人计算机发送到 ISP 主机，再到 Internet，再到收件人的 ISP 主机，最后到收件人的个人计算机。

知识点 3　电子邮件使用的协议主要包括：SMTP 协议(简单邮件传输协议)、POP3 协议(邮局协议)、IMAP 协议(Internet 邮件访问协议)。

◇ SMTP 协议主要负责底层的邮件系统如何将邮件从一台机器传至另外一台机器，简言之是负责电子邮件的发送。

◇ POP3 协议是把邮件从电子邮箱中传输到本地计算机的协议，简言之是负责电子邮件的接收。

◇ IMAP 协议目前的版本为 IMAP4，是 POP3 的一种替代协议，提供邮件检索和邮件处理功能。

❖ 例题解析

【单选题】

1. 以下电子邮件地址正确的是(　　)。

A. cqjsj@　　B. @163. com　　C. cqjsj＃163. com　　D. cqjsj@163. com

[答案]　D

[解析]　电子邮件地址格式：用户名@域名。三个部分缺一不可。

【判断题】

1. 在邮件接收者的计算机关闭情况下，其他人仍然可以向接收者的邮箱发送邮件。(　　)

[答案] √

[解析] 电子邮件的发送是通过电子邮件服务器来处理的,与收件人是否关机无关。

【填空题】

1. 发送电子邮件时,(　　)部分是必不可少的。

[答案] 收件人地址

[解析] 在发送电子邮件时,邮件可以没有主题,可以没有内容,可以没有附件,但是不能没有收件人地址。

✲ 巩固练习

【单选题】

1. 在撰写邮件时,在收件人对话框的"收件人"栏中(　　)。

A. 只能输入一个人的收件人地址

B. 只能输入多个人的收件人地址

C. 既可以输入一个人的收件人地址,又可以输入多个人的收件人地址

D. 只能输入收件人的姓名

2. 在电子邮件中所包含的信息(　　)。

A. 只能是文字信息　　B. 只能是文字和图形图像信息

C. 只能是文字与声音信息　　D. 可以是文字、声音和图形图像信息

3. 小明写了一份研究性学习报告电子文档,投稿前就稿子审阅修订问题需要与身在国外留学的叔叔进行较长时间的交流。小明使用的较合理的信息交流方式是(　　)。

A. 电报　　B. 书信　　C. 电话　　D. 电子邮件

4. 在 Internet 电子邮件系统中,电子邮件应用程序(　　)。

A. 发送邮件和接收邮件通常都使用 SMTP 协议

B. 发送邮件通常使用 SMTP 协议,而接收邮件通常使用 POP3 协议

C. 发送邮件通常使用 POP3 协议,而接收邮件通常使用 SMTP 协议

D. 发送邮件和接收邮件通常都使用 POP3 协议

【判断题】

1. 没有主题的电子邮件不可以发送。(　　)

2. 电子邮件一次只能发送给一个人。(　　)

【填空题】

1. 电子邮件地址格式:(　　)@域名。

【巩固练习答案】

[单选题] 1. C　2. D　3. D　4. B

[判断题] 1. ×　2. ×

[填空题] 1. 用户名

6.4.6 常用的即时通信工具

即时通信是基于网络的一种新兴应用,它最基本的特征就是信息的即时传递和用户的交互性,并可将音/视频通信、文件传输及网络聊天等业务集成为一体,为人们开辟了一种新型的沟通途径。

现在国内的即时通信工具按照使用对象分为两类：一类是个人IM，如腾讯QQ、腾讯微信、移动飞信等，通过个人IM文字消息、音/视频通话、文件传输等功能，可找到志同道合的朋友，并随时与好友联络感情；另一类是企业用IM，简称EIM，如RTX、EC企业即时通信软件，UcSTAR，商务通等。

❈ 精讲点拨

知识点1　腾讯QQ：

◇ 基于Internet的免费网络寻呼软件，是由深圳腾讯计算机系统有限公司开发的。

◇ 支持显示朋友的在线信息、即时传送信息、即时交谈、即时发送文件等。

知识点2　中国移动飞信：

◇ 飞信是中国移动的综合通信服务。

◇ 移动飞信融合语音(IVR)、GPRS、短信等多种通信方式，覆盖三种不同形态(完全实时的语音服务、准实时的文字和小数据量通信服务、非实时的通信服务)的客户通信需求，实现互联网和移动网间的无缝通信服务。

知识点3　微信：

◇ 微信是腾讯公司于2011年初推出的一款通过网络快速发送语音短信、视频、图片和文字，支持多人群聊的手机聊天软件。

◇ 用户可以通过微信与好友进行形式上更加丰富的类似短信、彩信等方式的联系。微信软件本身完全免费，使用任何功能都不会收取费用，微信时产生的上网流量费由网络运营商收取。

❈ 例题解析

【单选题】

1. 腾讯QQ是一款基于Internet的即时(　　)软件。

A. 在线聊天　　B. 视频对话　　C. 通信　　D. 文件传送

[答案]　C

[解析]　QQ是一款即时通信软件，具备在线聊天、视频对话、文件传送等功能。

【判断题】

1. QQ具有网上传播文字、视频、语音、文件的功能。(　　)

[答案]　√

[解析]　QQ支持显示朋友的在线信息、即时传送信息、即时交谈、即时发送文件等。

✻ 巩固练习

【单选题】

1. 以下哪项不属于即时通信工具？(　　)

A. 书信　　B. QQ　　C. 微信　　D. 移动飞信

2. 腾讯公司开发的QQ软件在Windows 7桌面上的快捷图标是下列哪种动物图标？(　　)

A. 企鹅　　B. 熊猫　　C. 大象　　D. 狮子

【判断题】

1. 用户可以通过微信的“摇一摇”功能找到附近的人。(　　)

2. 商务通不属于即时通信工具。(　　)

【巩固练习答案】

[单选题] 1. A　2. A

[判断题] 1. √　2. ×

6.5 电子商务和电子政务

6.5.1 概念及功能

电子商务是利用网络通信技术进行的商业活动。电子政务是借助数字网络技术和相关软件技术处理与政府有关的公开事务、内部事务的综合系统。

❀ 精讲点拨

知识点 1　电子商务:

◇ 电子商务依靠着电子设备和网络技术进行的商业模式,随着电子商务的高速发展,它不仅仅包括其购物的主要内涵,还应包括了物流配送等附带服务。

◇ 电子商务涵盖了两个方面的内容:一是离不开互联网这个平台,没有了网络,就称不上电子商务;二是通过互联网完成的是一种商务活动。

知识点 2　电子商务功能:广告宣传、咨询洽谈、网上订购、网上支付、电子账户、服务传递、意见征询、交易管理等。

知识点 3　电子政务:

◇ 20 世纪 90 年代以来,随着网络技术的成熟,办公自动化技术在政府公共管理中的应用得到了进一步的加强和扩展,并推动了政府信息化向纵深发展,电子政务的概念随之孕育而生。

◇ 电子政务是指政府机构运用现代信息技术,将政府的管理与服务职能通过精简、优化、整合后在网络上实现运作,从而提高政府的运行效率和行政监管能力,并为社会公众提供高效、优质、廉洁的一体化管理和服务。

知识点 4　电子政务功能:电子采购及招标、电子福利支付、电子公文、电子税务、电子邮递、电子资料库等。

❖ 例题解析

【单选题】

1. 中国电子商务始于(　　)。

A. 1990 年　　B. 1991 年　　C. 1992 年　　D. 1993 年

[答案]　A

[解析]　中国电子商务开始于 1990 年。

【判断题】

1. 网络营销的主要目的是扩大知名度。(　　)

[答案]　×

［解析］ 网络营销的主要目的是扩大销售。

【填空题】

1. 电子商务的本质是(　　),技术只是电子商务的手段。

［答案］ 商务

［解析］ 电子商务本质是商务,技术是手段。

✲ 巩固练习

【单选题】

1. 电子政务的原动力是(　　)。

A. 政务管理的信息化需求

B. 经济快速发展及全球化趋势呼唤高效能政府

C. 现代信息技术的高速发展

D. 政务管理的民主化需求

2. 政府公务处理电子化的起源是政府办公(　　)。

A. 自动化　　B. 社会化　　C. 组织化　　D. 电子化

【判断题】

1. 政府机关内部的电子政务的主要形式是办公自动化 OA 系统。(　　)

2. 网络营销是相对于传统营销而提出的一个新概念,是企业整体营销战略的一个组成部分。(　　)

【填空题】

1. 传统纸质支票的电子版就是(　　)。

【巩固练习答案】

［单选题］ 1. B　2. A

［判断题］ 1. √　2. √

［填空题］ 1. 电子支票

6.6　习题集锦

【单选题】

1. 网络的传输介质分为有线传输介质和(　　)。

A. 交换机　　B. 无线传输介质　　C. 光纤　　D. 红外线

2. 下面(　　)属于网络操作系统。

A. DOS　　B. Windows NT　　C. Office 2010　　D. FOXPro

3. 下列不属于评价传输介质性能指标的是(　　)。

A. 体积　　B. 抗干扰性　　C. 衰减性　　D. 带宽

4. 网桥是工作于(　　)的存储转发设备。

A. 数据链路层　　B. 物理层　　C. 网络层　　D. 传输层

5. 电话拨号上网,是利用现成的电话线路,通过(　　)将计算机连入 Internet。

A. Router　　B. Modem　　C. HUB　　D. NIC

6. 资源子网是由(　　)组成。

A. 主机、终端控制器、终端　　B. 计算机系统、通信链路、网络节点

C. 主机、通信链路、网络节点　　D. 计算机系统、终端控制器、终端

7. 位于 TCP/IP 参考模型最底层的是(　　)。

A. 物理层　　B. 应用层　　C. 网络接口层　　D. 传输层

8. 下列关于光纤的说法不正确的是(　　)。

A. 单模光纤中无中继器传播距离比多模光纤的长

B. 光纤通常是由石英玻璃做成的

C. 光纤的传播是利用折射原理

D. 光纤的传播是利用全反射原理

9. 下列属于计算机网络所特有的设备是(　　)。

A. 显示器　　B. UPS 电源　　C. 服务器　　D. 鼠标器

10. 某学校实验室所有计算机连成一个网络,其中最能描述这个网络的类型是(　　)。

A. 局域网　　B. 广域网　　C. 城域网　　D. Internet

11. 在网络的各个节点上,为了顺利实现 OSI 参考模型中同一层次的功能,必须共同遵守的规则,叫做(　　)。

A. 以太网　　B. Internet　　C. TCP/IP　　D. 协议

12. 下列选项中(　　)属于局域网。

A. PSDN　　B. Ethernet　　C. China DDA　　D. China PAC

13. 网卡是构成网络的基本部件,网卡一方面连接局域网中的计算机,另一方面连接局域网中的(　　)。

A. 服务器　　B. 工作站　　C. 传输介质　　D. 主机板

14. 网络中各个节点相互连接的形式,称为网络的(　　)。

A. 拓扑结构　　B. 协议　　C. 分层结构　　D. 分组结构

15. TCP/IP 协议是一种开放的协议标准,下列不是它的特点的是(　　)。

A. 独立于特定计算机硬件和操作系统　　B. 统一编址方案

C. 政府标准　　D. 标准化的高层协议

16. WWW 又叫万维网,其本质是(　　)。

A. 网路协议　　B. 网络拓扑结构

C. 超文本网页　　D. 实际存在的物理网络

17. 如果计算机没有打开,电子邮件将(　　)。

A. 退回给发信人　　B. 保存在邮件服务器

C. 对方等一会再发　　D. 发生丢失永远也收不到

18. 电子邮件与传统的邮件相比最大的特点是(　　)。

A. 速度快　　B. 价格低　　C. 距离远　　D. 传输量大

19. 以下哪个英文单词代表电子邮件?(　　)

A. E-mail　　B. GOPHER　　C. WWW　　D. USENEWS

20. 以下地址中哪个是合法的 IP 地址?(　　)

A. 239.89.90.345　　B. 202.201.252.1　　C. 255.255.255.0　　D. 0.789.234.1

21. IP 地址和域名之间的关系是(　　)。

A. 一一对应　　B. 一个 IP 地址可以对应多个域名

C. 一个域名可以对应多个 IP 地址　　D. B 和 C 都正确

22. 统一资源定位器的英文缩写是(　　)。

A. HTTP　　B. URL　　C. TELNET　　D. FTP

23. 以下哪个地址属于中国?(　　)

A. MICROSOFT　　B. IBM . IL　　C. BTA. CN　　D. EEEC. COM

24. 电子邮件地址中用户名与域名之间的连接符号是(　　)。

A. &　　B. $　　C. @　　D. #

25. 下面列举的四个工具软件中,哪一个是用来下载软件的?(　　)

A. Winzip　　B. Winamp　　C. 网络蚂蚁　　D. 杀毒软件

26. 如果在局域网中,只想让和你关系好的人访问你计算机上的文件,但是又不想让他做修改,处理的方法是(　　)。

A. 对包含文件的文件夹共享、设为完全权限

B. 对包含文件的文件夹共享、设为只读权限

C. 对包含文件的文件夹共享、设为只读权限,同时设密码

D. 对包含文件的文件夹共享、设为完全权限,同时设密码

27. 在 IE 中要停止下载网页,请按(　　)键。

A. Ctrl＋W　　B. Esc　　C. Delete　　D. Backspace

28. 要在 IE 中返回上一页,应该(　　)。

A. 按 F4 键　　B. 单击"后退"按钮

C. 按 Delete 键　　D. 按 Ctrl＋D 键

29. 电子邮件地址 1234@aiai. edu. cn 中的 aiai. edu. cn 代表的是(　　)。

A. 用户名　　B. 学校名　　C. 学生姓名　　D. 邮件服务器名称

30. Modem 的主要作用是(　　)。

A. 帮助打字　　B. 显示图形

C. 加快计算机的速度　　D. 实现数字信号与模拟信号之间的转换

31. (　　)功能不能在 Internet 上实现。

A. 网上聊天　　B. 网上发电　　C. 网上对棋　　D. 网上诊断

32. ISP 的含义是(　　)。

A. Internet 服务提供商　　B. 一种网络协议

C. 一种应用软件　　D. 一个计算机设备

33. 下面对广域网中使用的硬件"网桥"描述正确的是(　　)。

A. 工作在网络的物理层

B. 只能有着相同的传输介质的局域网

C. 只能连接相同的局域网网段

D. 既可连接相同的局域网网段,又可连接不同的局域网网段

34. 下面哪个是 Internet 中的 E-mail 地址?(　　)

A. http://lnw. com. cn　　B. zhang8@lnw. com. cn

C. http://szonline. net. cn　　D. Liangs//Lnw. com. cn

35. 万维网引进了超文本的概念,超文本指的是(　　)。

A. 包含多种文本的文本　　B. 包含图像的文本

C. 包含多种颜色的文本　　D. 包含链接的文本

36. 以下不属于无线传输介质的是(　　)。

A. 光纤　　B. 微波　　C. 红外线　　D. 无线电

37. 下列表示中,(　　)是正确的 IPv4 地址。

A. 261.86.1.68　　B. 201.286.1.68　　C. 127.386.1.8　　D. 68.186.0.168

38. 具有很强异种网互联能力的广域网络设备的是(　　)。

A. 路由器　　B. 网关　　C. 网桥　　D. 桥路器

39. TCP/IP 协议集由(　　)层组成。

A. 4　　B. 3　　C. 2　　D. 5

40. 集线器的功能是(　　)。

A. 多路复用　　B. 存储转发　　C. 中继　　D. 分组交换

41. 如果想要连接到一个 WWW 站点,应当以(　　)开头来书写统一资源定位器。

A. Shttp://　　B. http:S//　　C. http://　　D. HTTPS://

42. 为了能在网络上正确地传送信息,制定了一整套关于传输顺序、格式、内容和方式的约定,称之为(　　)。

A. OSI 参考模型　　B. 网络操作系统　　C. 通信协议　　D. 网络通信软件

43. 在局域网中的各个节点,计算机都应在主机扩展槽中插有网卡,网卡的正式名称是(　　)。

A. 集线器　　B. T 形接头(连接器)

C. 终端匹配器　　D. 网络适配器

44. 因特网上许多复杂网络和许多不同类型的计算机之间能够互相通信的基础是(　　)。

A. X.25　　B. ATM　　C. Novell　　D. TCP/IP

45. 网卡的主要功能不包括(　　)。

A. 网络互联　　B. 将计算机连接到通信介质上

C. 实现数据传输　　D. 进行电信号匹配

46. 个人计算机申请了账号并采用 PPP 拨号方式接入 Internet 网后,该机(　　)。

A. 可以有多个 IP 地址　　B. 拥有固定的 IP 地址

C. 被自动分配有一个 IP 地址　　D. 没有自己的 IP 地址

47. Novell Netware 是(　　)软件。

A. CAD　　B. 网络操作系统　　C. 应用系统　　D. 数据库管理系统

48. 下列四项中,不属于互联网的是(　　)。

A. CHINANET　　B. Novell 网　　C. CERNET　　D. Internet

49. 传输率的单位是 bps,其含义是(　　)。

A. Bytes Per Second　　B. Baud Per Second

C. Bits Per Second　　D. Billion Per Second

50. 因特网中最基本的 IP 地址一般分为 A、B、C 三类,其中 C 类地址的网络号占(　　)个字节。

A. 1　　B. 2　　C. 3　　D. 4

51. 已知接入 Internet 网络的计算机用户名为 Xinhua,而连接的服务商主机名为 Public.tpt.fj.cn,相应的 E-mail 地址应为(　　)。

A. Xinhua@public. tpt. fj. cn　　B. Xinhua. public. tpt. fj. cn
C. Xinhua. public. @tpt. fj. cn　　D. Public. tpt. fj. cn@xinhua

52. 为了保证提供服务，因特网上的任何一台物理服务器（　　）。
A. 必须具有唯一的 IP 地址　　B. 必须具有计算机名
C. 只能提供一种信息服务　　D. 不能具有多个域名

53. 电子邮件地址的基本结构为：用户名@（　　）。
A. SMP 服务器 IP 地址　　B. POP3 服务器 IP 地址
C. SMTP 服务器域名　　D. POP3 服务器域名

54. 在 Outlook Express 电子邮件软件包的"撰写邮件"窗口的"邮件头"窗格中的"收件人"文本输入框用于输入收件人的（　　）。
A. 姓名　　B. 单位名称　　C. 电子邮箱地址　　D. 家庭地址

55. Web 浏览器中通过搜索引擎查询信息的主要方法为（　　）。
A. 屏幕求助查询　　B. 分类目录与关键词查询
C. 按字母顺序索引查询　　D. 按站点域名或 IP 地址查询

56. Microsoft Office 2010 中自带的收发电子邮件的软件名称为（　　）。
A. Foxmail　　B. Access 2010　　C. Word 2010　　D. Outlook Express 2010

57. 把同种或异种类型的网络相互联系起来，叫做（　　）。
A. 广域网　　B. 万维网(WWW)　　C. 局域网　　D. 互联网

58. 下列四项里，（　　）不是因特网的最高层域名。
A. edu　　B. WWW　　C. gov　　D. cn

59. 电子信函（电子邮件）的特点之一是（　　）。
A. 比邮政信函、电报、电话、传真都更快
B. 在通信双方的计算机之间建立起直接的通信线路后即可快速传递数字信息
C. 采用存储转发方式在网络上逐步传递数据信息，不像电话那样直接、即时，但费用低廉
D. 在通信双方的计算机都开机工作的情况下即可快速传递数字信息

60. 局域网的网络软件主要包括（　　）。
A. 服务器操作系统，网络数据库管理系统和网络应用软件
B. 网络操作系统，网络数据库管理系统和网络应用软件
C. 网络传输协议和网络应用软件
D. 工作站软件和网络数据库管理系统

61. 电子政务的技术结构中，电子政务网络体系包括政府内网、政府外网和（　　）。
A. 政府门户网站　　B. 政府专网　　C. 政府事务网　　D. 资源数据库

62. 政府管理创新的重要内容是实施（　　）。
A. 电子商务　　B. 电子政务　　C. 电子税务　　D. 电子人大

63. 在电子商务应用框架中，建立网上商城属于组成部分中的（　　）。
A. 信息发布层　　B. 信息传输层　　C. 贸易服务层　　D. 电子商务应用层

64. 电子政务系统规划的基本原则中，其最根本的一点是（　　）。
A. 整体规划，分步实施　　B. 以公众需要为目标
C. 以信息资源规划为先导　　D. 以标准化为基本尺度

65. 企业网站进行网络推广的首选方法是（　　）。

A. 友情链接　　B. 搜索引擎　　C. 广告联盟　　D. 标题广告

【判断题】

1. 计算机网络研究始于 20 世纪 50 年代。(　　)

2. 局域网常用传输媒体有双绞线、同轴电缆、光纤三种，其中传输速率最快的是光纤。(　　)

3. 当个人计算机以拨号的方式接入因特网时，必须使用的设备是电话机。(　　)

4. FTP 是远程登录协议。(　　)

5. 模拟信号不可以在无线介质上传输。(　　)

6. 微波是直线传播的，收发双方必须直视，因此为实现远距离传输，必须设立若干中继器。(　　)

7. 介质访问控制技术是局域网的最重要的基本技术。(　　)

8. 双绞线不仅可以传输数字信号，而且也可以传输模拟信号。(　　)

9. FTP 也是客户机/服务器系统。(　　)

10. 我国正式接入因特网是在 1984 年。(　　)

11. 发送电子邮件时，要求对方一定开机。(　　)

12. 如果上了网就可以找到世界上任意一台计算机。(　　)

13. 云计算是专门用于航空航天科技的一门技术。(　　)

14. 默认情况下，域名中的后缀. gov 表示机构所属类型为军事机构。(　　)

15. 用 Ping 命令可以测试网络是否连通。(　　)

16. 网络域名地址一般都通俗易懂，大多采用英文名称的缩写来命名。(　　)

17. Windows NT 是一种网络操作系统。(　　)

18. http://Ihw. com. cn 是一个 E-mail 地址。(　　)

19. Internet 网址即可用 IP 地址描述，也可用域名地址描述。(　　)

20. 某人要在电子邮件中传送一个文件，他可以借助电子邮件中的附件功能。(　　)

21. 任何电子数据都可通过电子邮件发往世界上任何一台已联网的计算机上。(　　)

22. 想加入 Internet 网络你必须找一个 Internet 服务提供者(ISP)。(　　)

23. 打印机在网络中可以共享。(　　)

24. Internet 是一个局域网。(　　)

25. 甲向乙发 E-mail，其 E-mail 直接放在乙的收件箱中。(　　)

26. 数据通信中的信号传输速率单位 bps 表示“字节/秒”。(　　)

27. 域名不分大小写。(　　)

28. 基于 Internet 的电子支付即网上支付。(　　)

29. 电子政务的首要目标是以经济发展需要为目标。(　　)

【填空题】

1. 连接到 Internet 上的计算机不是客户机就是(　　)。

2. 网络通信中实际传送信息的载体是(　　)。

3. 连接公用电话的调制解调器将模拟信号(音频信号)解调成(　　)。

4. 中国教育科研网的英文简写是(　　)。

5. Internet 中各个网络之间能进行信息交流靠网络上的世界语是(　　)。

6. 目前 Internet 使用的 IP 地址有 IPv4 标准和 IPv6 标准，其 IPv4 标准用(　　)位二进制数来表示网上一台计算机的 IP 地址。

7. 如果要使用免费电子邮箱发送邮件，首先要向某个网站(　　)。

8. 从计算机域名到 IP 地址翻译的过程称为(　　)。

9. IP 地址长度在 IPv4 中为(　　)比特，而在 IPv6 中则为(　　)比特。

10. 串行数据通信的方向性结构有三种，即单工、(　　)和(　　)。

11. 顶域的域名中，net 表示(　　)，gov 表示(　　)。

12. 一个网络协议主要由语法、(　　)及(　　)三要素组成。

13. TCP/IP 体系结构的传输层上定义的两个传输协议为(　　)和(　　)。

14. 国际标准化组织 ISO 对(　　)系统参考模型与网络协议的研究与发展起了重要的作用。

15. 100BaseT 中的“100”代表(　　)，“Base”代表基代传输，“T”代表(　　)。

16. 中心节点故障可能造成网络瘫痪的是(　　)拓扑结构。

17. 在当前的网络系统中，由于网络覆盖面积的大小、技术条件和工作环境不同，通常分为广域网、(　　)和城域网三种。

18. 计算机网络是由负责信息处理并向全网提供可用资源的(　　)子网和负责信息传输的(　　)子网组成 。

19. 网络营销规划的三个目标是：(　　)、降低业务成本和加强同所有目标群体的沟通。

20. (　　)的融合为电子商务的最终实现提供了可能。

第7章 多媒体技术基础

考纲扫描

(一)多媒体技术基础知识

(1)了解多媒体技术的概念、特点和应用领域。

(2)掌握多媒体计算机组成。

(二)多媒体信息的压缩与存储技术

(1)了解主流的多媒体数据压缩技术。

(2)掌握多媒体文件在计算机中的存储格式。

(三)多媒体信息的计算机表示方法

(1)了解模拟信号到数字信号的转化过程。

(2)掌握音频、视频文件的大小计算。

7.1 多媒体技术基础知识

7.1.1 多媒体技术概述

※ 精讲点拨

知识点1 媒体是信息的载体和表现形式。常见媒体形式:文字、图形、图像、声音、视频和动画。

知识点2 多媒体技术:在计算机系统中,融合两种或者两种以上的媒体来进行信息交流或者信息传播的技术。

知识点3 多媒体技术的特点:集成性、多样性、交互性和实时性。交互性是多媒体技术与传统媒体技术的主要区别。

知识点4 多媒体技术的应用:

◇ 教育和培训:计算机辅助学习、多媒体教学。

◇ 商业领域:电子出版物、电子广告。

◇ 娱乐行业:游戏、影视制作。

◇ 网络应用:网络视频、网络直播、网络点播、远程教育、远程视频会议。

知识点 5 多媒体技术的发展趋势:智能化、网络化、简单化。

❖ 例题解析

【单选题】

1. 下列说法中,正确的是(　　)。

A. 多媒体技术是指在计算机系统中,集文字、声音、图像、视频等多项技术于一体

B. 多媒体技术只能处理文字信息

C. 多媒体技术只能处理图像和视频信息

D. 多媒体技术能够脱离计算机,独立存在

[答案] A

[解析] 多媒体技术是指在计算机系统中,融合两种或者两种以上的媒体来进行信息交流或者信息传播的技术。

2. 多媒体与传统媒体的主要区别是(　　)。

A. 集成性　　B. 多样性　　C. 交互性　　D. 实时性

[答案] C

[解析] 多媒体技术的特点:集成性、多样性、交互性和实时性。交互性是多媒体技术与传统媒体技术的主要区别。

✲ 巩固练习

【单选题】

1. 多媒体包含的信息类型有(　　)。

A. 文字、视频　　B. 文字、图像、图形

C. 文字、图像、视频　　D. 文字、图像、图形、视频、音频、动画

2. 多媒体技术的发展趋势是(　　)。

A. 简单化　　B. 智能化　　C. 网络化　　D. 三者都是

3. 下列选项中,(　　)不是多媒体技术的主要应用领域。

A. 网络游戏　　B. 电子广告　　C. 多媒体信息采集　　D. 影视制作

4. 下列选项中,(　　)是多媒体的范畴。

A. 纸质图书　　B. 电视　　C. 远程教育　　D. 报纸

【巩固练习答案】

[单选题] 1. D　2. D　3. C　4. C

7.1.2 多媒体计算机系统

❊ 精讲点拨

知识点 1 多媒体计算机系统由多媒体计算机硬件系统和多媒体计算机软件系统组成。

知识点 2 多媒体计算机硬件系统:

◇ 光盘驱动器(CD-ROM 或 DVD-ROM),用于存储信息。

◇ 显卡和显示器,用于显示图像和视频信息。

◇ 声卡和音响,用于声音信息处理。

◇ 其他多媒体输入设备：扫描仪、手写板、视频采集卡、数码相机。

◇ 其他多媒体输出设备：触摸屏、投影仪。

知识点3　多媒体计算机软件系统：

◇ 多媒体制作软件：AuthorWare、Director、PowerPoint、Flash、Cool Edit Pro、Windows Movie Maker 等。

◇ 多媒体工具软件：图形格式转换软件、视频格式转换软件、音频格式转换软件。

◇ 多媒体处理软件：Word（文字处理）、Photoshop（图像处理）、Premiere（视频处理）、Flash（动画制作）等。

❈ 例题解析

【单选题】

1. 多媒体计算机系统由（　　）组成。

A. 计算机硬件和计算机软件

B. 硬件和软件

C. 多媒体计算机硬件系统和多媒体计算机软件系统

D. 多媒体输入设备和多媒体输出设备

［答案］ C

［解析］ 多媒体计算机系统由多媒体计算机硬件系统和多媒体计算机软件系统组成。

2. CD-ROM 属于多媒体的（　　）。

A. 存储设备　　B. 显示设备　　C. 声音设备　　D. 视频采集设备

［答案］ A

［解析］ 光盘驱动器(CD-ROM 或 DVD-ROM)，用于存储信息。

【判断题】

1. 扫描仪是多媒体计算机系统的输出设备。（　　）

［答案］ ×

［解析］ 键盘、扫描仪、手写板、视频采集卡、数码相机等属于多媒体计算机系统的输入设备；显示器、触摸屏、投影仪等属于多媒体计算机系统的输出设备。

✲ 巩固练习

【单选题】

1. 用下列（　　）设备，可将图片输入计算机。

A. 键盘　　B. 鼠标　　C. CD-ROM　　D. 扫描仪

2. 下列软件中，（　　）是图像处理软件。

A. Word　　B. Photoshop　　C. PowerPoint　　D. Flash

3. 键盘用于把多媒体信息中的（　　）信息输入计算机。

A. 文字　　B. 图像　　C. 视频　　D. 声音

【巩固练习答案】

［单选题］ 1. D　2. B　3. A

7.2 多媒体信息的压缩和存储技术

7.2.1 多媒体信息压缩技术标准

❀ 精讲点拨

知识点 1 JPEG(Join Photographic Experts Group)是图形图像的国际标准。

知识点 2 MPEG(Moving Picture Experts Group)是音频、视频压缩标准。

知识点 3 P×64 是可视电话和电视会议的标准。

❈ 例题解析

【单选题】

1. 可视电话和电视会议的标准是(　　)。

A. JPEG　　B. MPEG　　C. P×64　　D. 三者都是

[答案] C

[解析] P×64 是可视电话和电视会议的标准，JPEG 是图形图像的国际标准，MPEG 是音频、视频压缩标准。

7.2.2 多媒体信息在计算机中的存储格式

❀ 精讲点拨

知识点 1 文字信息的文件格式：TXT、ASCII、MIME。

知识点 2 图形图像信息的文件格式：BMP、GIF、JPG、PSD、TIF、DIB、PCP、DIF、WMF、EPS、CDR、IFF、TGA、PCD、MPT。

知识点 3 声音信息的文件格式：WAV、MIDI、MP3、WMA、CD、RA、AU、MD、VOC、APE。

知识点 4 视频信息的文件格式：AVI、MOV、MPEG、MPG、DAT、MP4、3GP、DivX、RM、ASF、WMV。

知识点 5 动画信息的文件格式：SWF、GIF、FLA、MAX。

知识点 6 网络流视频(特点：边传边播、实时播放)格式：RM、ASF、WMV。

知识点 7 数字图像的两种色彩模式：适用于计算机显示的三基色 RGB(红色、绿色、蓝色)和适用于图像印刷的 CMYK(青色、品红色、黄色、黑色)。

❈ 例题解析

【单选题】

1. 下列(　　)选项是适用于计算机显示的三基色。

A. 红色、绿色、黑色　B. 黄色、绿色、蓝色　C. 红色、绿色、蓝色　D. 红色、白色、蓝色

[答案] C

［解析］　适用于计算机显示的三基色是指 RGB(红色、绿色、蓝色)。

2. 下列(　　)不是图像文件格式。

A. BMP　　B. JPG　　C. TXT　　D. GIF

［答案］　C

［解析］　TXT 是文字信息文件格式。

✲ 巩固练习

【单选题】

1. 下列文件格式中，(　　)是视频文件格式。

A. TXT　　B. BMP　　C. WAV　　D. AVI

2. 下列文件格式中，(　　)不是流视频文件格式。

A. RM　　B. MP3　　C. ASF　　D. WMV

3. 下列颜色中，(　　)不是用于计算机显示的三基色中的颜色。

A. 白色　　B. 红色　　C. 绿色　　D. 蓝色

【巩固练习答案】

［单选题］　1. D　2. B　3. A

7.3　多媒体信息的计算机表示方法

❊ 精讲点拨

知识点 1　模拟视频标准(用于广播电视)：PAL(中国、德国、英国)、NTSC(美国、日本、韩国)、SECAM(法国、俄罗斯)。

知识点 2　模拟信号转化成数字信号三个过程：采样、量化、编码。

知识点 3　每秒数字声音文件大小计算：数据量(字节/秒)＝(采样频率(Hz)×采样位数(bit)×声道数)/ 8(1 字节＝8 bit)；其中，单声道的声道数为 1，立体声的声道数为 2。

知识点 4　数字声音文件大小(字节)＝数据量(字节/秒)×时间(秒)。

知识点 5　图像文件大小(字节)＝分辨率×彩色位数(bit)/ 8。

知识点 6　每秒数字视频文件大小计算：数据量(字节/秒)＝图像文件大小(字节)×帧数＝(分辨率×彩色位数(bit)×帧数)/ 8。

知识点 7　数字视频文件总大小(字节)＝数据量(字节/秒)×时间(秒)。

知识点 8　影音文件大小(字节)＝声音文件大小(字节)＋视频文件大小(字节)。

知识点 9　编码率，也称比特率，是指数据传输时单位时间传送的数据位数，一般用 Kb/s(千位每秒)表示。编码率越大，清晰度越高，文件越大。

知识点 10　根据编码率计算影音文件大小，文件大小(KB)＝(音频编码率(Kb/s)/8 ＋视频编码率(Kb/s)/8)×影片总长度(s)。

❖ 例题解析

【单选题】

1. 我国广播电视的标准是(　　)。

A. PAL　　B. NTSC　　C. SECAM　　D. MPEG

［答案］ A

［解析］ 广播电视标准：PAL（中国、德国、英国）、NTSC（美国、日本、韩国）、SECAM（法国、俄罗斯）。

2. 44.1 kHz 采样频率、1 min 双声道、16 bit 采样位数的声音文件不压缩数据量大约是（　　）。

A. 30 MB　　B. 10 MB　　C. 20 MB　　D. 5 MB

［答案］ B

［解析］ 数字声音文件大小（字节）＝数据量（字节/秒）×时间（秒）＝（（采样频率（Hz）×采样位数（bit）×声道数）/ 8）×时间（秒）＝［（（44.1×1000×16×2）/8）］×（1×60）Byte＝10584000 Byte≈10.09 MB。

知识拓展

单位转换：1 kHz＝1000 Hz
　　1 B（字节 Byte）＝8 bit（位）
　　1 KB＝1024 B
　　1 MB＝1024 KB
　　1 GB＝1024 MB

3. 640×480 分辨率、1 min、25 帧/秒、24 bit 真彩色数字视频的不压缩的数据量约为（　　）。

A. 1.02 GB　　B. 1.29 GB　　C. 2.58 GB　　D. 2.24 GB

［答案］ B

［解析］ 数字视频文件总大小（字节）＝数据量（字节/秒）×时间（秒）＝［（（分辨率×彩色位数（bit）× 帧数）/ 8）］× 时间（秒）＝［（（640 × 480 × 24 × 25）/8）］×（1 × 60）Byte＝1382400000 Byte≈1.29 GB。

4. 有个 1 h 的影音文件，音频编码率 128 Kb/s、视频编码率为 900 Kb/s，则该影音文件大小约为（　　）。

A. 382 MB　　B. 452 MB　　C. 521 MB　　D. 620 MB

［答案］ B

［解析］ 文件大小＝（音频编码率（Kb/s）/8 ＋ 视频编码率（Kb/s）/8）×影片总长度（s）＝（128＋900）/8×（1×60×60）＝462600 KB≈452 MB。

✲ 巩固练习

【单选题】

1. 下列选项中，（　　）不是模拟信号转化成数字信号的过程。

A. 采样　　B. 传输　　C. 量化　　D. 编码

2. 44.1 kHz 采样频率、1 h 双声道、16 bit 采样位数的声音文件不压缩数据量大约是（　　）。

A. 300 MB　　B. 600 MB　　C. 200 MB　　D. 500 MB

3. 640× 480 分辨率、1 h、25 帧/秒、24 bit 真彩色数字视频的不压缩的数据量约为(　　)。

A. 70.2 GB　　B. 87.4 GB　　C. 77.4 GB　　D. 66.6 GB

4. 下列选项中,(　　)使用的不是 NTSC 广播电视标准。

A. 中国　　B. 美国　　C. 日本　　D. 韩国

【巩固练习答案】

[单选题]　1. B　2. B　3. C　4. A

7.4　习题集锦

【单选题】

1. 图形、图像的压缩标准是(　　)。

A. JPEG　　B. MPEG　　C. P×64　　D. 三者都是

2. 下列文件格式中,(　　)是视频文件格式。

A. RM　　B. MP3　　C. BMP　　D. DOC

3. 所谓媒体是指(　　)。

A. 计算机中的信息　　B. 计算机中输入信息

C. 信息的载体和表现形式　　D. 人们能够看到的信息

4. 10 min 双声道、44.1 kHz 采样频率、16 bit 采样位数的声音文件不压缩数据量大约是(　　)。

A. 80 MB　　B. 100 MB　　C. 150 MB　　D. 200 MB

5. 下列软件中,(　　)可以用来制作多媒体文档。

①PowerPoint　　②AuthorWare　　③Flash　　④ Cool Edit Pro

A. ①②　　B. ①②③④　　C. ②③④　　D. ①②③

6. 在多媒体计算机系统中,不能用于存储多媒体信息的是(　　)。

A. U 盘　　B. 硬盘　　C. 光盘　　D. 显示器

7. 在多媒体计算机信息中,动画制作需要使用(　　)软件。

A. Word　　B. Photoshop　　C. 暴风影音　　D. Flash

8. 下列选项中,(　　)不是多媒体技术的主要应用领域。

A. 互联网应用　　B. 自动化控制　　C. 娱乐行业　　D. 商业领域

9. 下列说法中,不正确的是(　　)。

A. 多媒体信息不包括文字、图形

B. 多媒体技术集文字、声音、图像、视频、通信等多项技术于一体

C. 多媒体计算机中的视频卡处理的是静止或运动的图像信号

D. 多媒体计算机系统的两大组成部分是多媒体计算机硬件系统和多媒体计算机软件系统

10. 下列软件中,(　　)是专业的图形图像处理软件。

A. Word　　B. Photoshop　　C. Winzip　　D. PowerPoint

【判断题】

1. 多种信息的简单混合就是多媒体。(　　)

2. 多媒体和传统媒体都具有交互性的特点。(　　)

3.多媒体技术在教育培训、网络应用、娱乐行业、商业领域内都有应用。( )

4.数码相机能够把图片输入计算机。( )

5.数据的压缩与解压缩是多媒体的关键技术之一,其目的是为了提高数据的存储和提高传输效率。( )

【填空题】

1.媒体是( )的载体和表现形式。

2.显示器是多媒体计算机系统中的( )设备。

3.模拟信号转化成数字信号的三个过程是采样、( )、编码。

4.多媒体区别于传统媒体的关键特性是( )。

5.多媒体技术是指在计算机系统中,融合两种或者两种以上的( )来进行信息交流或者信息传播的技术。

第8章

计算机信息系统安全

考纲扫描

(一)信息技术的概念、发展、应用、信息产业

(二)信息安全与计算机安全、网络安全

(三)信息安全技术在网络信息安全中的作用

(四)网络信息安全的解决方案及个人网络信息安全的策略

(五)计算机病毒

(1)计算机病毒的概念。

(2)计算机病毒的种类。

(3)计算机病毒的主要传播途径。

(4)计算机病毒的预防措施。

(六)信息素养与知识产权保护

(1)信息素养。

(2)知识产权。

8.1 计算机信息系统的安全范畴

※ 精讲点拨

知识点1 我国第一个计算机安全法律法规是1994年2月18日颁布的《中华人民共和国计算机信息系统安全保护条例》。

知识点2 计算机信息系统安全范畴:实体安全、运行安全、信息安全、网络安全。

知识点3 环境安全:

◇ 计算机和信息系统的设备及相关设施所放置的机房的地理环境、气候条件、污染状况以及电磁干扰等。

知识点4 设备安全:

◇ 计算机和信息系统的设备及相关设施的防盗、防毁,以及抗电磁干扰、静电保护、电源保护等。

知识点5 媒体安全:

◇ 对存储有数据的媒体进行安全保护。控制温度与湿度，建立相关管理制度。

知识点 6 为保证信息处理的正确性、系统运行的正常性而影响运行安全的因素：

◇ 工作人员的误操作；

◇ 硬件故障；

◇ 软件故障；

◇ 计算机病毒或“黑客”攻击；

◇ 恶意破坏。

知识点 7 信息安全：

目的是为防止信息被故意破坏或偶然泄露、更改，以保证信息的完整、有效、合法。

信息被破坏的主要表现如下。

◇ 信息可用性遭到破坏；

◇ 信息完整性遭到破坏；

◇ 信息保密性遭到破坏。

知识点 8 网络安全：包括资源子网安全、通信子网安全。

威胁网络安全的主要形式：

◇ 计算机犯罪行为；

◇ 自然因素的影响；

◇ 计算机病毒的影响；

◇ 人为失误和事故的影响。

例题解析

【单选题】

1. 信息安全是信息网络的硬件、软件及系统中的(　　)受到保护，不因偶然或恶意的原因而受到破坏、更改或泄露。

A. 用户　　B. 管理制度　　C. 数据　　D. 设备

[答案]　C

[解析]　略。

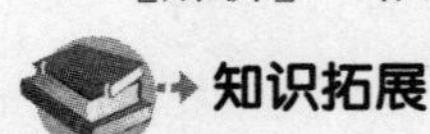

(1)由于查毒时需要调用浏览器的 ActiveX 控件，因此查毒前要先在 IE 的“Internet 选项”的“安全”页面中检查该功能是否打开，并相应降低安全级别(一般“中等”即可)，最后再查毒。

(2)尽量不要用 Outlook 作为邮件客户端，改以 Foxmail 等代替，同时以文本方式书写和阅读邮件，这样就不用担心潜伏在 HTML 中的病毒了。

(3)安装杀毒软件后，要坚持定期更新病毒库和杀毒程序，以最大限度地发挥软件应有的功效，给计算机“铁桶”般的保护。

巩固练习

【单选题】

1. 为了预防计算机病毒，应采取的正确措施是(　　)。

A. 每天都对计算机硬盘和软件进行格式化

B. 不用盗版软件和来历不明的软盘

C. 不同任何人交流

D. 不玩任何计算机游戏

2.(　　)不是防火墙的功能。

A. 过滤进出网络的数据包　　B. 保护存储数据的安全

C. 封堵某些禁止的访问行为　　D. 记录通过防火墙的信息内容和活动

3. 当用户收到了一封可疑的电子邮件,要求用户提供银行账户及密码,这是属于何种攻击手段?(　　)

A. 缓存溢出攻击　　B. 钓鱼攻击　　C. 暗门攻击　　D. DDOS 攻击

【判断题】

1. Windows 系统中,系统中的用户账号可以由任意系统用户建立。用户账号中包含着用户的名称与密码、用户所属的组、用户的权利和用户的权限等相关数据。(　　)

【巩固练习答案】

[单选题]　1. B　2. B　3. B

[判断题]　1. ×

8.2　计算机信息系统的脆弱性

❀ 精讲点拨

知识点 1　硬件系统的脆弱性:稳定的电源、洁净的环境、精密的部件、科学的设计。

知识点 2　软件系统的脆弱性:操作系统、数据库管理系统。

知识点 3　网络系统的脆弱性:不完整的网络传输机制。

知识点 4　存储系统的脆弱性:易损坏的存储介质。

知识点 5　信息传输中的脆弱性:易破坏、易泄露、易侦听、易干扰。

8.3　计算机信息系统的安全保护

❀ 精讲点拨

知识点 1　计算机信息系统保护的基本原则:价值等价原理、综合治理原则、突出重点原则、同步原则等。

知识点 2　计算机信息系统安全保护技术。

知识点 3　内部网安全技术:身份验证、报文验证、数字签名、信息加密。

知识点 4　Internet 安全技术:防火墙技术、防火墙的分类、包过滤型、代理服务型、复合型。

知识点 5　计算机信息系统的安全管理:

◇ 组织建设。

◇ 制度建设:保密制度、人事管理制度、环境安全制度、出入管理制度、操作与维护制度、日志管理及接班制度、器材管理制度、计算机病毒防治制度。

❈ 例题解析

【判断题】

1. 防火墙是一种维护网络安全的软件或硬件设备，位于子网(内网)和连接的外网之间，能防止来自外网的攻击。( )

[答案] √

[解析] 防火墙用来隔离内部和外部网络，阻止外部攻击。

8.4 计算机病毒

❈ 精讲点拨

知识点 1 计算机病毒的概念：人为编制的，通过修改其他程序把自己拷贝嵌入而实现对其他程序的感染，从而对计算机系统的安全构成严重危害的一种程序。

知识点 2 计算机病毒的特征：隐蔽性、潜伏性、可激发性、破坏性、传染性。

知识点 3 计算机病毒产生的根源：炫耀、报复、战争、科研。

知识点 4 计算机病毒的危害：破坏数据、消耗资源、破坏功能、删改文件。

知识点 5 计算机病毒的传播途径：软盘、硬盘、光盘、U 盘、网络。

知识点 6 计算机病毒的检测与清除：kv3000、瑞星、金山毒霸、卡巴斯基、诺顿、迈卡非等。

知识点 7 计算机病毒的预防：建立相关制度，使用先进的工具与技术。

❈ 例题解析

【单选题】

1. 计算机病毒是一种人为编制的(　　)。

A. 数据　　B. 文档　　C. 程序　　D. 设备

[答案] C

[解析] 略。

【判断题】

1. 计算机杀毒软件的作用是查出所有的病毒，清除部分病毒。(　　)

[答案] ×

[解析] 杀毒软件的开发和数据更新总是滞于新病毒的产生，因此杀毒软件不能查出所有的病毒。

8.5 计算机系统安全保护措施

❈ 精讲点拨

知识点 1 防止黑客攻击的措施：安装防火墙、安装黑客检测工具。

知识点2 加密措施:设置BIOS开机密码、设置操作系统密码、设置文档密码、设置压缩文档密码、设置文件夹密码。

知识点3 利用注册表实施保护:隐藏磁盘、隐藏"我的电脑"、限制用户权限。

8.6 相关法律法规

❀ 精讲点拨

知识点1 《中华人民共和国计算机信息系统安全保护条例》1994年12月18日颁布。

知识点2 《中华人民共和国刑法》1997年修订,增加了计算机犯罪惩治条款。

8.7 习题集锦

【单选题】

1. 下列叙述中正确的是( )。

A. 所有计算机病毒只在执行文件中传染

B. 计算机病毒通过读写U盘或Internet网络进行传播

C. 只要把带毒的U盘设置成只读状态,那么此盘上的病毒就不会因读盘而传染给另一个计算机

D. 计算机病毒是由于U盘表面不干净而造成的

2. 计算机病毒主要造成( )。

A. 磁盘的损坏　　B. 磁盘驱动器的破坏

C. CPU的破坏　　D. 程序和数据的破坏

3. 为防止计算机硬件的突然故障或病毒入侵的破坏,对于重要的数据文件和工作资料在每次工作结束后通常应( )。

A. 保存在硬盘中　　B. 复制到U盘作为备份保存

C. 全部打印　　D. 压缩后保存到硬盘中

4. 下列有关计算机病毒的叙述中正确的一项是( )。

A. 反病毒软件可以查、杀任何种类的病毒

B. 计算机病毒是一种被破坏的程序

C. 反病毒软件必须随着新病毒的出现而升级,以提高查杀病毒的功能

D. 感染过计算机病毒的计算机具有对该病毒的免疫性

5. 下列关于计算机病毒的叙述中错误的一项是( )。

A. 计算机病毒会造成对计算机文件和数据的破坏

B. 只要删除感染了病毒的文件就可以彻底消除此病毒

C. 计算机病毒是一段人为制造的小程序

D. 计算机病毒是可以预防和消除的

6. 下列叙述中正确的是( )。

A. 所有计算机病毒只在执行文件中传染

B. 计算机病毒通过读写U盘或Internet网络进行传播

C. 要把带毒的U盘设置成只读状态，那么此盘上的病毒就不会因读盘而传染给另一个计算机

D. 计算机病毒是由U盘表面不干净而造成的

7. 防止U盘感染病毒的有效方法是(   )。

A. 不要把U盘和有毒U盘放在一起　　B. U盘写保护

C. 保持机房干净　　D. 定期对U盘格式化

8. 下列关于计算机病毒的四条叙述中错误的一项是(   )。

A. 计算机病毒是一个标记或一个命令

B. 计算机病毒是人为制造的一个程序

C. 计算机病毒是一种通过磁盘、网络等媒介传播、扩散，并能传染其他程序的程序

D. 计算机病毒能够实现自身复制，并借助一定的媒体存在，具有潜伏性、传染性和破坏性的程序

9. 计算机病毒是一种(   )。

A. 特殊的计算机部件　　B. 游戏软件

C. 人为编制的特殊程序　　D. 能传染的生物病毒

10. 不能被计算机病毒感染的存储介质是(   )。

A. 软盘　　B. 硬盘　　C. U盘　　D. CD-ROM

11. 属于实体安全保护范畴的是(   )。

A. 防盗　　B. 防止密码泄露　　C. 防止偷看数据　　D. 防止病毒感染

12. 下列哪种情况能保证其内容不被病毒感染？(   )

A. 将文件夹设为只读　　B. 将文件夹设为隐藏

C. 将U盘设为写保护状态　　D. 隐藏驱动器盘符

13. 计算机病毒是一种(   )。

A. 生理病毒　　B. 破坏性程序　　C. 机械故障　　D. 磁盘发生霉变

14. 计算机病毒通常是一种(   )。

A. 硬件设备　　B. 数据　　C. Word文档　　D. 程序

15. 计算机病毒是指(   )。

A. 编制有错误的计算机程序　　B. 设计不完善的计算机程序

C. 计算机的程序已被破坏　　D. 以危害系统为目的的特殊的计算机程序

16. 计算机病毒是指(   )。

A. 带细菌的磁盘文件　　B. 已损坏的文件

C. 具有破坏性的特制程序　　D. 被破坏的程序

17. 计算机病毒是指(   )。

A. 电路故障　　B. 磁盘霉变　　C. 机械故障　　D. 破坏性程序

18. 计算机病毒感染的原因是(   )。

A. 与外界交换信息时感染　　B. 因硬件损坏而被感染

C. 在增添硬件设备时感染　　D. 因操作不当感染

19. 下列不属于计算机病毒特征的是(   )。

A. 传染性　　B. 幽默性　　C. 破坏性　　D. 潜伏性

20. 为了防止 U 盘上的病毒感染计算机，可采用(　　)。

A. 对 U 盘杀毒后使用 U 盘　　B. 对硬件杀毒后使用 U 盘

C. 让 U 盘写保护可防止病毒感染　　D. 决不能使用 U 盘

21. 蠕虫病毒属于(　　)。

A. 宏病毒　　B. 网络病毒　　C. 混合型病毒　　D. 文件型病毒

22. 通常所说的“宏病毒”是一种感染(　　)类型文件的病毒。

A. COM　　B. DOC　　C. EXE　　D. TXT

23. 计算机病毒的扩散途径很多，曾经流行的“冲击波”病毒主要是通过(　　)扩散。

A. 计算机硬件设备　　B. 移动存储设备　　C. 网络　　D. 光盘

24. 关于计算机病毒知识，下列叙述不正确的是(　　)。

A. 计算机病毒是人为制造的一种破坏性程序

B. 大多数病毒程序具有自身复制功能

C. 安装防病毒卡并不能完全杜绝病毒的入侵

D. 不使用来历不明的软件是防止病毒的有效措施

25. 下列关于计算机病毒的叙述中错误的一项是(　　)。

A. 计算机病毒具有潜伏性

B. 计算机病毒具有传染性

C. 感染过计算机病毒的计算机具有对该病毒的免疫性

D. 计算机病毒是一个特殊的寄生程序

【判断题】

1. 反病毒软件通常滞后于计算机新病毒的出现。(　　)

2. 计算机病毒是由于非法操作计算机产生的。(　　)

3. 计算机病毒可以通过电子邮件传播。(　　)

4. 杀毒软件可以清除所有计算机病毒。(　　)

5. 注册表编辑程序包括 Regedit. exe 和 Regedt32. exe 两个程序。(　　)

6. 只要设置了开机密码，别人就绝对无法使用计算机。(　　)

7. 电子邮件不可能有计算机病毒。(　　)

8. 某些计算机病毒在被激发后不会破坏计算机的程序和数据，仅仅播放某段音乐。因此这类病毒没有破坏性。(　　)

9. 某台计算机在运行时常出现死机，因此该计算机一定感染了计算机病毒。(　　)

10. 由于 CD-ROM 光盘中的数据不能修改，所以 CD-ROM 光盘不会携带计算机病毒。(　　)

11. 任何病毒都是一种破坏程序，所以任何程序使用年限过长、经过衰变都有可能退化成一种病毒。(　　)

12. 数据安全的最好方法是随时备份数据。(　　)

13. CIH 病毒是一种恶性病毒，它的激活时间是每月 26 日，4 月 26 日尤为突出。(　　)

【填空题】

1. 计算机信息系统的脆弱性表现在 5 个方面：硬件系统的脆弱性、(　　)、网络系统的脆弱性、存储系统的脆弱性、信息传输的脆弱性。

2. Word 和 Excel 可以为自己的文档设置 2 种密码，它们是密码打开和(　　)密码。

3. 要设置或修改 Windows 用户密码可在控制面板的(   )选项中进行。

4. 计算机病毒的危害包括 4 个方面，它们是(   )、消耗资源、破坏系统功能和删改文件。

5. 计算机病毒不易被发现，是因为它具有潜伏性和(   )性。

6. 计算机病毒是一种人为编制的(   )，它占用系统资源和破坏数据信息，从而影响计算机正常使用。

第9章

模拟试题

第一套

一、单选题

1. 在下列文件名中，符合 Windows XP 操作系统文件命名规则的是(　　)。

A. 我爱家乡重庆!. ppt　　B. 在希望的田野上. music

C. 天上的星星有多少?. txt　　D. 星星知我心. doc

2. 用高级语言编写的程序，编译成可以独立执行的二进制代码文件时，其扩展名通常为(　　)。

A. . dat　　B. . pdf　　C. . exe　　D. . obj

3. 一个字长为 16 位二进制数的内存单元，能够保存的有符号数值范围的是(　　)。

A. －16384～＋16384　　B. －16384～＋16383

C. －32768～＋32767　　D. －32768～＋32768

4. 在资源管理器窗口中显示下图所示内容时，说明窗口查看模式为(　　)。

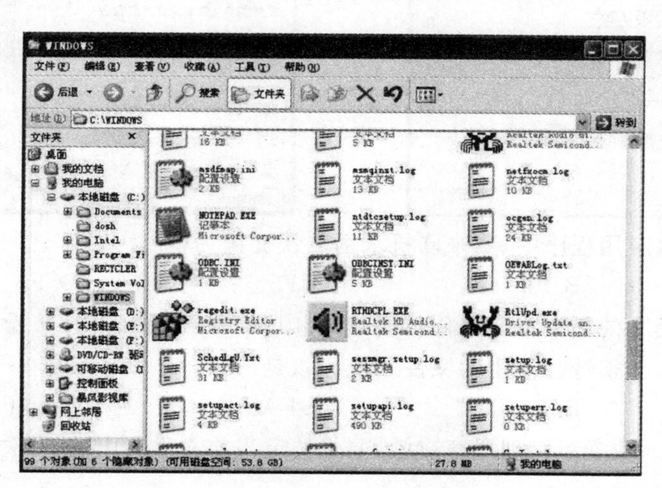

A. 缩略图　　B. 平铺　　C. 列表　　D. 详细信息

5. 在 Windows 7 操作系统中，改变中/英文输入方式的快捷键是(　　)。

A. Ctrl＋Shift　　B. Ctrl＋Alt　　C. Ctrl＋Insert　　D. Ctrl＋Delete

6. 以下操作系统类型中，不能安装在智能手机上的是(　　)。

A. Symbian(塞班)　　B. Android(安卓)　　C. Windows 7　　D. iOS

7. 十进制数 55 转换成二进制数应为(　　)。

A. 101001　　B. 101011　　C. 110111　　D. 101010

8. UNICODE 编码方式能够表示的汉字数量为(　　)。

A. 8000～10000　　B. 10000～15000　　C. 15000～20000　　D. 20000 以上

9. 欲在本地磁盘上搜索文件名中包含“计划”的所有 Word 文档，在以下所示的“全部或部分文件名”框内输入的搜索关键字应该是(　　)。

A.

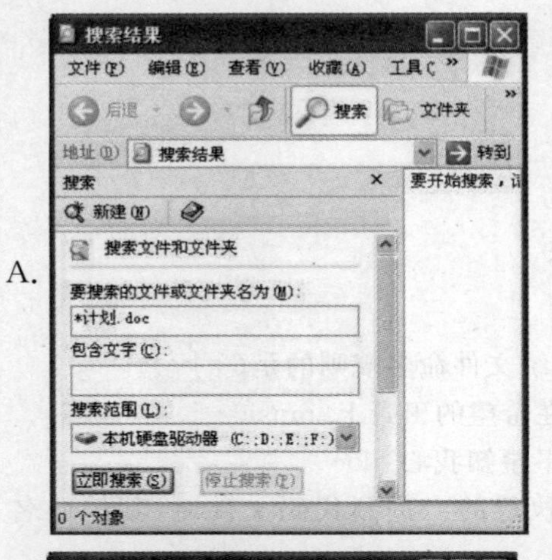

B.

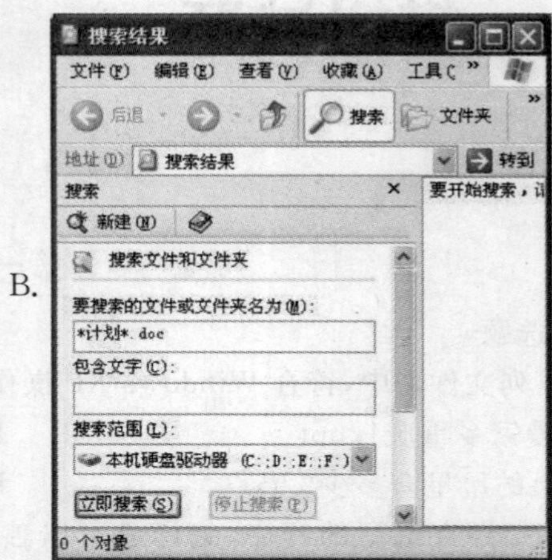

C.

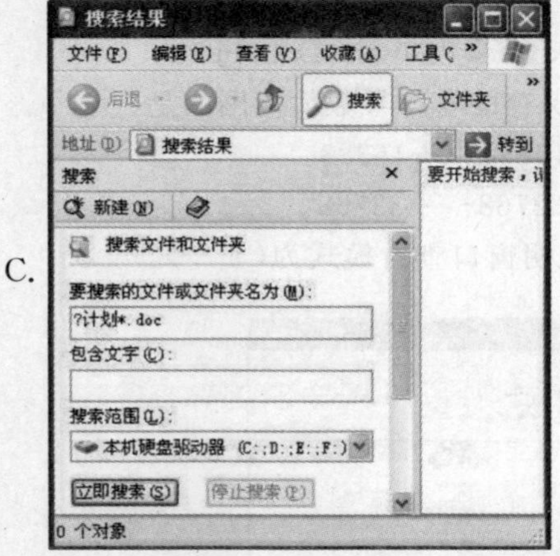

D.

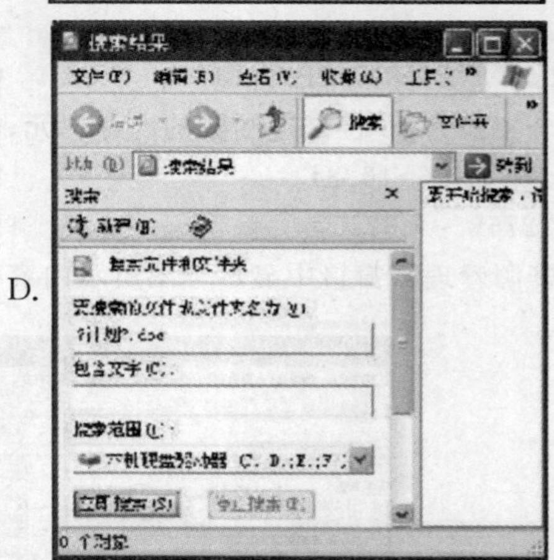

10. 在绝大多数应用程序中，用来联机求助的快捷键为(　　)。

A. F1　　B. F3　　C. F5　　D. F7

11. 如果希望读写的最大单一文件长度超过 4 GB，在 Windows XP 操作系统之下对硬盘分区进行格式化时，必须选择使用的文件系统应该是(　　)。

A. FAT16　　B. FAT32　　C. FAT48　　D. exFAT

12. 在 Windows 的资源管理器窗口中，要想选定当前文件夹中的全部文件和文件夹，可以使用的组合键是(　　)。

A. Ctrl＋A　　B. Ctrl＋B　　C. Ctrl＋C　　D. Ctrl＋D

13. 在关系数据库中，表的一行可以称为一个(　　)。

A. 记录　　B. 字段　　C. 关系　　D. 结构

14. 在 Word 文档分栏编辑，当遇到下图(a)所示左、右栏高度不均衡的现象时，若希望得到图(b)所示的均衡分栏输出效果，则应在文字末尾插入分隔符(　　)。

重庆市普通专升本考试是由重庆市教委统一组织，针对有正式学籍的高职高专学生开展的一次升本考试，考生顺利通过考试后，由教委划定统一分数线，考生上线后选报学校，形式如同高考，被录取的考生直接到对应本科院校参加本科学习，毕业后可授予全日制普通高校本科毕业证和学士学位证，同全日制本科学位证完全一样，没有任何区别！考公务员、考研等在任何地方都没有任何限制（自考本科有部分限制）。全日制本科比专科文凭在就业、升职等方面有绝对优势，享受正规本科待遇。（普通专升本是目前所有升本考试中含金量最高的形式，升本后获得的学位证同正规本科一样，没有任何区别，普通专升本被学生称为第二次高考）。

(a)

重庆市普通专升本考试是由重庆市教委统一组织，针对有正式学籍的高职高专学生开展的一次升本考试，考生顺利通过考试后，由教委划定统一分数线，考生上线后选报学校，形式如同高考，被录取的考生直接到对应本科院校参加本科学习，毕业后可授予全日制普通高校本科毕业证和学士学位证，同全日制本科学位证完全一样，没有任何区别！考公务员、考研等在任何地方都没有任何限制（自考本科有部分限制）。全日制本科比专科文凭在就业、升职等方面有绝对优势，享受正规本科待遇。（普通专升本是目前所有升本考试中含金量最高的形式，升本后获得的学位证同正规本科一样，没有任何区别，普通专升本被学生称为第二次高考）

(b)

A. 分隔符类型:分页符　　B. 分隔符类型:分栏符

C. 分节符类型:下一页　　D. 分节符类型:连续

15. Internet 运行时，目前使用的网络协议主要是(　　)。

A. ISO/OSI　　B. OSM/PC　　C. ICX/DIX　　D. TCP/IP

16. 在 Excel 工作表中，欲增加被选择单元格中数值的小数位数，应该单击工具栏上的(　　)。

A. +.0 .00　　B. .00 →.0　　C. (icon)　　D. (icon)

17. 希望将 Excel 工作表中所有 90 分或更高的学生成绩以加粗、红色的格式显示，选择了学生成绩单元格之后，应该在下图所示的对话框中选择的条件为(　　)。

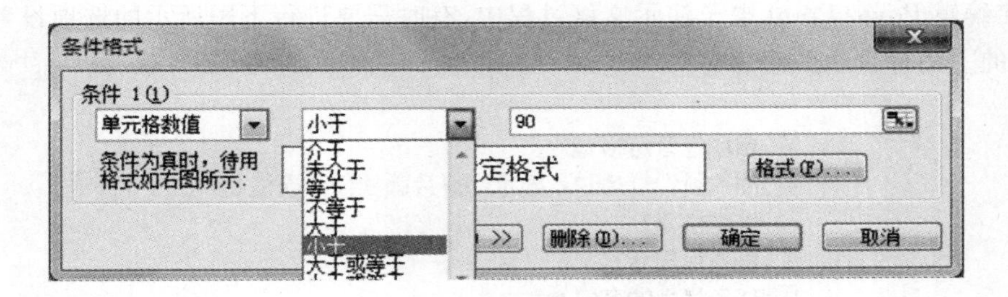

A. 等于　　B. 大于　　C. 介于　　D. 大于或等于

18. 在 Excel 工作表的多个单元格中输入数值，然后选中这些单元格，在当前工作窗口底部的状态栏上将显示(　　)。

A. 被选中的单元格个数　　B. 被选中的单元格中数值的总和

C. 被选中的单元格中数值的平均值　　D. 被选中的单元格的行、列坐标

19. 在 Excel 工作表中统计符合某种条件的单元格个数，应使用的函数为(　　)。

A. COUNT（ ）　　B. COUNTA（ ）

C. COUNTIF（ ）　　D. COUNTBLANK（ ）

20. 按照 ASCII 编码规则，数字符号“0”～“9”的编码值为（　　）。

A. 十进制数 30～39　　B. 十六进制数 30H～39H

C. 十六进制数 40H～49H　　D. 十进制数 40～49

21. 当 Excel 工作表中的部分单元格如下图所示显示为“＃＃＃＃＃＃＃＃＃＃”时，发生这种情况的原因通常是（　　）。

	A	B	C	D	E	F	G
1	姓名	性别	籍贯	出生年月	民族	政治	军事
2	马大为	男	安徽省	1990-11-3	汉	92	119
3	黄勇	男	江西省	#########	汉	113	136
4	陶灵	女	重庆市	1991-3-20	汉	32	113
5	陈阳	男	贵州省	1991-7-15	汉	131	98
6	郑实	男	安徽省	#########			

A. 数据错误　　B. 格式错误　　C. 行高度不够　　D. 列宽度不够

22. 在编辑 PowerPoint 电子演示文稿时，“绘图”工具栏上用来设置被选中图形的线条颜色的工具按钮是（　　）。

A.　　B.　　C.　　D.

23. 以下在网站链接、广告推送、商品交易、电子凭证中常用的图形表示的是（　　）。

A. 一维码　　B. 二维码　　C. 三维码　　D. 四维码

24. 最早提出存储程序体系结构，从而奠定了现代计算机理论基础的科学家是（　　）。

A. 大卫·科波菲尔　B. 爱因斯坦　　C. 冯·诺依曼　　D. 冯·克林斯曼

25. 在编辑 PowerPoint 电子演示文稿过程中，有时需要进行下图所示的选项设置，在每个选项前面的□图标表示的意思是（　　）。

□ 启动任务窗格(U)
□ 插入新幻灯片时，显示幻灯片版式任务窗格(L)
□ 状态栏(B)
□ 垂直标尺(V)
□ 任务栏中的窗口(W)

A. 只能从这些选项中任意勾选一项　　B. 只能全部勾选，或者全部不勾选

C. 最多只能从中勾选三项　　D. 可以从这些选项中任意勾选若干项

26. 在个人计算机、手机或其他手持式终端中安装的视频播放器软件（如暴风影音、看电影、迅雷看看等）属于（　　）。

A. 系统软件　　B. 诊断软件　　C. 编译软件　　D. 应用软件

27. 目前的校园网和生活小区网络已经基本实现了宽带化，很少使用甚至完全停止使用的网络设备是(　　)。

A. 防火墙　　B. 路由器　　C. 交换机　　D. 调制解调器

28. USB 接口可以为它所连接的设备提供+5 V 直流电源，允许的最大电流是(　　)。

A. 5 mA　　B. 50 mA　　C. 500 mA　　D. 5000 mA

29. 在个人计算机上，经常用来连接局域网络的双绞线"水晶头"接口是(　　)。

A.　　B.　　C.　　D.

30. 域名是 Internet 服务提供者(ISP)的计算机名，域名中的后缀. gov 表示机构所属类型为(　　)。

A. 志愿者机构　　B. 政府部门　　C. 军事部门　　D. 科研机构

31. 通过 IE 浏览器的菜单栏操作打开下图所示对话框。单击"查看文件"按钮时，将要查看到的是(　　)。

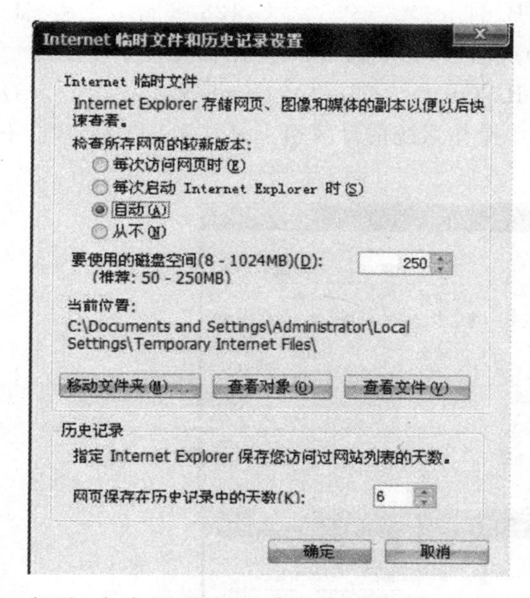

A. 用户访问 Internet 之后，在本地磁盘生成的临时文件

B. 用户访问 Internet 之后，在本地磁盘生成的历史记录文件

C. 临时文件占用本地磁盘的情况

D. 历史记录文件占用本地磁盘的情况

32. 下列有关网络应用的说法中，正确的是(　　)。

A. 通过网络盗用他人银行账号是犯罪行为，应该受到法律制裁

B. 仅在网络上转载他人发布的信息而不加任何修改和评论，不用承担法律责任

C. 通过网络从事商务活动容易上当受骗，风险是完全无法控制的

D. 我可以在网吧隐身上网，别人无法知道我是谁，因此可以随便发表评论

33. 在浏览器的地址栏中输入一个企业网站的域名地址(例如 www. dayu. com. cn)，首先显示在屏幕上的网页称为该网站的(　　)。

A. 主页　　B. 前页　　C. 正页　　D. 头页

34. 能在网页上以加粗形式显示文字"美丽中国"的 HTML 代码是(　　)。

A.〈a〉美丽中国〈/a〉　　B.〈b〉美丽中国〈/b〉

C.〈c〉美丽中国〈/c〉　　D.〈d〉美丽中国〈/d〉

35. 用普通双绞线连接的局域网络，网络"水晶头"的接口标准为(　　)。

A. RJ35　　B. RJ45　　C. RJ54　　D. RJ75

36. 在操作系统的命令行模式下，输入命令 ping 192.168.10.150，其作用是(　　)。

A. 测试本机异步通信接口的性能

B. 测试本机与本地网络中指定 IP 地址的计算机能否连通

C. 测试本机在 Internet 中的数据传输速度

D. 测试本机在局域网络中传输数据的误码率

37. 市场上常见的 DVD-RW 可刻录光盘，其最大存储容量为(　　)。

A. 4.7 MB　　B. 47 MB　　C. 470 MB　　D. 4700 MB

38. 下一代互联网将采用 IPv6 协议，它的一个网址将由(　　)位二进制数组成。

A. 32　　B. 64　　C. 128　　D. 256

39. 苹果公司(Apple)产品 iPhone 和 iPad 使用的操作系统是(　　)。

A. iOS　　B. sOS　　C. mOS　　D. xOS

40. 在运行 Windows 7 操作系统的计算机上播放 DVD 视频时，下列各种"音量控制"设置中，输出音量最大的是(　　)。

A. 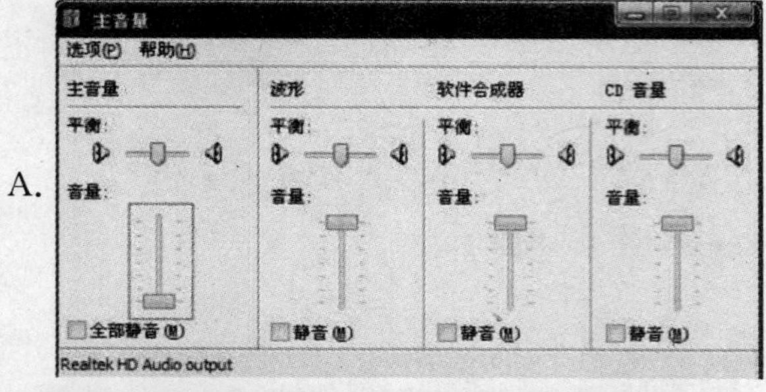

B. 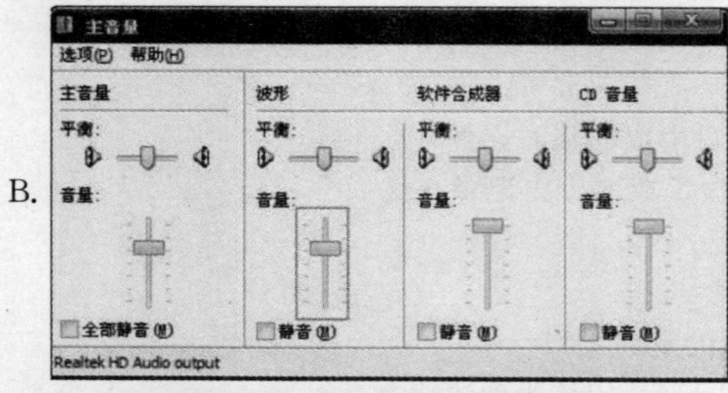

C. 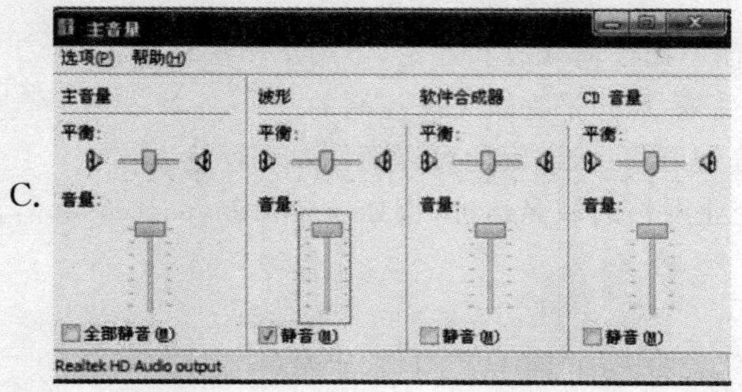

D. 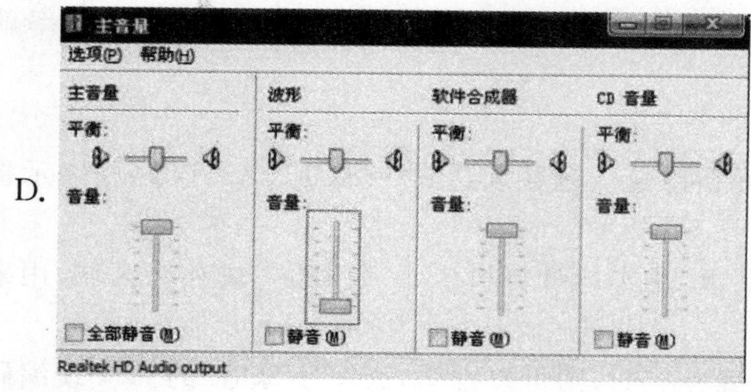

二、判断题

1. 在 Excel 中，以字母组合表示工作表的行号，以数字表示工作表的列号。(　　)

2. GPS 是目前世界上唯一的技术成熟、性能稳定、达到实用程度的全球卫星定位系统。(　　)

3. 在 PowerPoint 电子演示文稿编辑操作窗口，单击工具栏上的“新幻灯片”按钮，将创建一个新的扩展名为. ppt 的电子演示文稿文件。(　　)

4. 翻墙软件是用来越过区域网络之间防火墙的隔离，访问被本地网络管理机构屏蔽的网站的一种代理软件。(　　)

5. 在网页上选中一段包含图片和文字的内容，按下 Ctrl＋C 键将其复制到剪贴板，再打开“记事本”软件创建一个空白文件，然后按下 Ctrl＋V 键，就能将从网页上选中的内容完整地复制到“记事本”中。(　　)

6. EEPROM 是电可擦除可编程只读存储器，断电后其中保存的信息不会丢失，可以用电信号来修改其内容，并且允许以字节作为最小修改单位。(　　)

7. JPEG 是一种高效率的静态图像数据压缩算法，被压缩图像可以用解压软件毫无损失地完全恢复。(　　)

8. 微博(MicroBlog)是一种通过关注机制分享多媒体信息的网络平台，限定用户发布文字信息的长度不得少于 400 字(不包括标点符号)。(　　)

9. 目前的个人计算机硬盘普遍使用只有 4 条线的串行 ATA(SATA)接口，与拥有 40 条线的并行 ATA 接口相比，SATA 接口的传输速度反而更快。(　　)

10. 云计算是一种通过 Internet，以服务的方式提供动态可伸缩的虚拟化资源的计算模式。(　　)

11. 一个网站的起始网页一般被称为主页。(　　)

12. 数据库中常见的数据模型有概念模型和星形模型。(　　)

13. 在 Windows 系统中，基本操作要点是选定对象再操作。(　　)

14. 计算机网络有两种基本工作模式：对等模式和客服/服务器(C/S)模式。(　　)

15. 在计算机系统中，总线是 CPU、内存和外部设备之间传送信息的公用通道。微机系统的总线由数据总线、地址总线和控制总线三部分组成。(　　)

16. 蓝牙是一种近距离无线数字通信的技术标准，主要适合个人、办公室或家庭使用。(　　)

17. 所有十进制数都可以精确转换为二进制数。(　　)

18. 如果上了网就可以找到世界上任意一台计算机。(　　)

19. 任何程序不需进入内存，直接在硬盘上就可以运行。(　　)

20. 一条信道的最大传输速率和带宽成正比，信道的带宽越高，信息的传输速率就越快。(　　)

三、填空题

1. 在Excel工作表中，在指定的单元格内输入函数表达式 =SUM(A3:B5)，则表示将对(　　)个单元格进行求和运算。

2. 在Windows 7操作系统中，"剪贴板"是本地计算机(　　)中的一块存储区域，用来实现数据块的复制、移动等操作。

3. 已知大写字母"I"的ASCII编码值为49H，则可以推知，大写字母"J"的ASCII编码值为(　　)。

4. WiFi(Wireless Fidelity)是一种能够将台式个人计算机、笔记本计算机、车载信息设备、手持设备(如手机、Pad等)等终端以(　　)方式互相连接的技术。

5. 在计算机网络中，路由器会根据信道的情况自动选择和设定路由，因而用来实现局域网与(　　)的连接。

6. IPv6是"Internet Protocol Version 6"的缩写，它是用于替代现行版本的IP协议IPv4的下一代IP协议，IPv6具有长达(　　)位的地址空间。

7. 在关系数据库中，关系表的一行成为一条(　　)。

8. 在Excel系统中，公式=5<6的结果是(　　)。

9. 计算机向使用者传递计算、处理结果的设备称为(　　)。

10. 在计算机网络中，通信双方必须共同遵守的规则或约定，称为(　　)。

第二套

一、单选题

1. 迄今为止，我国自行研制的巨型计算机中运算速度最快的是(　　)。

A. 曙光5000(曙光信息产业研制)

B. 天河一号(国防科技大学研制)

C. 深腾7000(联想集团公司研制)

D. 神威3000A(国家并行计算机工程技术研究中心研制)

2. 在Windows 7操作系统环境中，实现中/英文输入方式直接切换的快捷键是(　　)。

A. Ctrl+D　　B. Ctrl+Space　　C. Ctrl+F1　　D. Alt+Ctrl

3. 下述存储媒体中，读写速度最快的是(　　)。

A. 光盘　　B. 软盘　　C. 硬盘　　D. U盘

4. 统计一篇Word文档的字数，可以选择(　　)菜单之下的"统计字数"命令。

A. 编辑　　B. 插入　　C. 格式　　D. 工具

5. 要选中当前Windows操作系统资源管理器窗口中的所有文件和文件夹，可以使用的快捷键是(　　)。

A. Ctrl+A　　B. Ctrl+B　　C. Ctrl+C　　D. Ctrl+D

6. 下列字符中，ASCII码值最大的是(　　)。

A. 9　　B. *　　C. A　　D. x

7. 用来查看本机IP地址的命令行命令是(　　)。

A. internet　　B. ipconfig　　C. ipsecmon　　D. ipxroute

8. 在 Windows 7 操作系统下执行"磁盘碎片整理"操作，其主要作用是(　　)。

A. 修复磁盘上遭到损坏的区域，以减少文件访问错误

B. 回收磁盘上暂不使用的零星存储空间，以便腾出连续区域存放大文件

C. 将每个磁盘文件尽量保存到连续的区域，以利于提高文件访问速度

D. 将所有磁盘文件按大小的顺序排列，以缩短查找文件的时间

9. 通过 Windows 任务管理器可以强制结束没有响应的任务。打开任务管理器的快捷键是(　　)。

A. Ctrl＋Break　　B. Ctrl＋End　　C. Ctrl＋Enter　　D. Ctrl＋Alt＋Del

10. 在许多 Windows 应用程序中，经常会在对话框中成组出现下图所示图标，其中 ⊙ 图标表示(　　)。

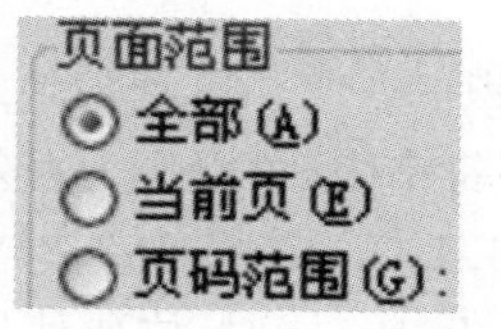

A. 该选项被选中，而且是组内唯一的

B. 该选项被选中，但不是组内唯一的

C. 该选项被选中，并且代表了组内所有的选项

D. 该选项未被选中

11. 文档编辑时，输入"￥"符号，应在按下 Shift 键的同时，按下(　　)键。

A. #3　　B. $4　　C. %5　　D. &7

12. 若要使一台安装了 Windows 操作系统的计算机能够临时充当网络服务器，用于开发调试动态网页脚本程序，必须安装的 Windows 组件是(　　)。

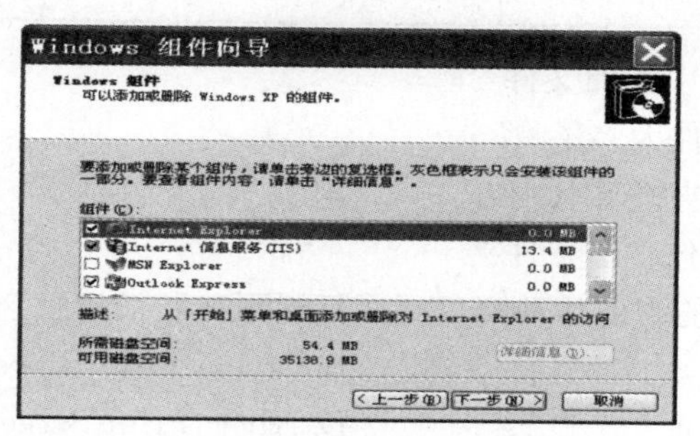

A. Internet 信息服务(IIS)

B. Outlook Express

C. 管理和监视工具

D. 其他网络文件和打印程序

13. 为了查看访问 Internet 之后暂存在本机硬盘上的网页文件，应该在"Internet 选项"对话框中选择(　　)选项卡，然后单击"设置"→"查看文件"按钮。

A. 常规　　B. 安全　　C. 隐私　　D. 内容

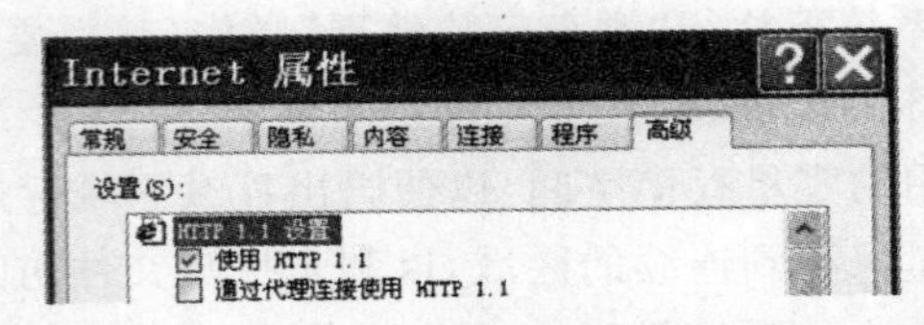

14. 仅当键盘右上角的(　　)指示灯亮时，才能利用小键盘输入数字。

A. Num Lock　　B. Caps Lock　　C. Scroll　　D. Tab

15. 在汉字输入过程中，有时突然发现输入的内容变成一串大写字母，最大的可能是错误地按了(　　)键。

A. Num Lock　　B. Caps Lock　　C. Scroll　　D. Tab

16. 在浏览器地址栏中输入的 URL(例如：http://www.people.com.cn)，其中 http 指的是(　　)。

A. 地区标识　　B. 速率标识　　C. 通信地址　　D. 通信协议

17. 下列由数字和圆点构成的字符串中，可以作为有效的 IP 地址的是(　　)。

A. 192.168.4.1　　B. 192.256.4.1　　C. 192.368.4.1　　D. 192.168.4.277

18. 个人计算机通过宽带网连接 Internet 时，主要使用(　　)连接到网络。

A. 电话线　　B. 闭路电视　　C. 双绞线　　D. 同轴电缆

19. 在资源管理器中，有的文件夹前面有个"＋"号，它表示(　　)。

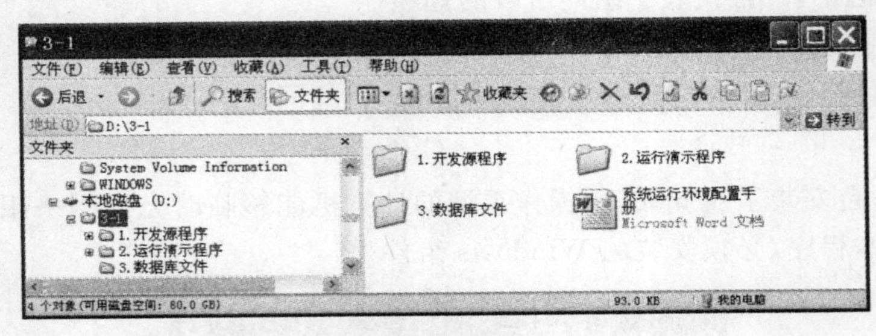

A. 可以向这个文件夹中添加文件

B. 这个文件夹中的文件太多了

C. 可以打开这个文件夹查看其内容

D. 这个文件夹下面还包含子文件夹

20. 可以把 Windows 的当前活动窗口画面复制到剪贴板的组合键是(　　)。

A. Print Screen　　B. Ctrl＋ Print Screen

C. Shift＋ Print Screen　　D. Alt＋ Print Screen

21. 把网页上选中的含有图片的内容复制到剪贴板，然后粘贴到记事本窗口中，再选中记事本中的所有内容，复制到 Word 中，这时得到的是(　　)。

A. 保留了网页上原有格式和内容的字符块

B. 仅保留网页上原有格式，不保留图片的字符块

C. 不保留网页上原有格式，但保留图片的字符块

D. 不保留网页上原有格式，不保留图片的纯文字字符块

22. 在本地计算机上查找从第二个字符开始，包含"计算机"的 Word 文档，应该在"全部或部分文件名"下方的文本框中输入(　　)，然后单击搜索按钮。

A. * 计算机 * . doc　　　　B. ? 计算机 * . doc

C. ? 计算机?. doc　　　　D. * 计算机?. doc

23. 一个网站的主页(home page)指的是(　　)。

A. 网络主要内容所在的网页

B. 网站上宣传本单位主要领导的网页

C. 用户访问该网站时首先打开的网页

D. 网站上制作最精美的网页

24. 若使计算机的音响暂时不能播放音乐,应在下图中设置(　　)为“静音”。

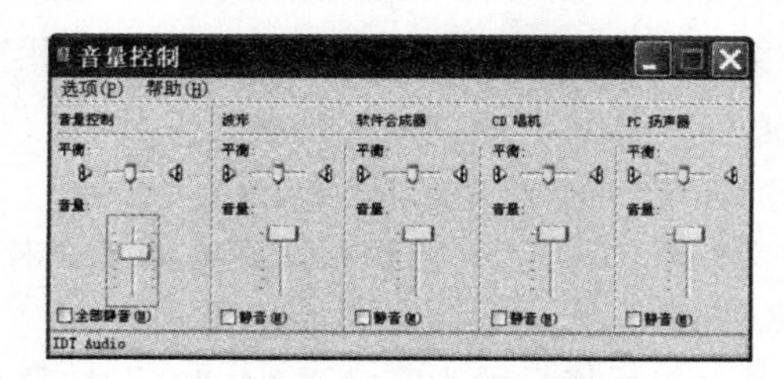

A. 波形　　B. 软件合成器　　C. 线路音量　　D. CD 音量

25. PowerPoint 演示文档的扩展名为(　　)。

A. . php　　B. . psd　　C. . ppt　　D. . pdf

26. 在 Windows 7 操作系统中,将被选中的内容复制到剪贴板,其实就是复制到(　　)中的一个指定区域。

A. 内存　　B. 硬盘　　C. 光盘　　D. U 盘

27. 在 Windows 7 操作系统中连续多次执行“复制”操作,再执行“粘贴”操作,得到的是(　　)。

A. 第一次被复制的内容　　　　B. 最后一次被复制的内容

C. 所有被复制的内容　　　　D. 不确定的内容

28. 在 Word 电子文档或 PowerPoint 电子演示文稿中,插入的 jpg 图片,不能执行的处理是(　　)。

A. 改变大小　　B. 改变对比度　　C. 旋转方向　　D. 改变内容

29. 在 Windows 7 应用程序的下拉菜单中,后面带有“...”的菜单选项,表示单击这个选项时,会(　　)。

A. 打开一个可供进一步选择的对话框

B. 展开下一级子菜单

C. 立即执行预定义的操作

D. 暂时不能执行预定义的操作

30. 当一个应用程序窗口被最小化之后,该应用程序将会(　　)。

A. 被关闭　　B. 被暂停运行

C. 被破坏　　D. 缩小为任务栏上一个图标按钮

31. 若要对 Excel 工作表中的某数据列执行"分类汇总"操作，则必须先对该数据列执行(　　)。

A. 筛选　　B. 排序　　C. 导入　　D. 分列

32. 在 Word"表格和边框"工具栏中，能够使表格被选中各列宽度均匀分布的按钮是(　　)。

A.　　B.　　C.　　D.

33. 在 Word 电子文档中，创建一个很长的线性表格，要使表格中的每一页都自动生成标题行，有效的方法是(　　)。

A. 选中表格顶端作为标题的行，然后选择"表格"→"标题行重复"命令

B. 选中表格顶端作为标题的行，然后选择"格式"→"标题行重复"命令

C. 选中表格顶端作为标题的行，然后选择"表格"→"自动调整"命令

D. 选中表格顶端作为标题的行，然后选择"格式"→"自动调整"命令

34. 在编辑 Word 电子文档时，反复按(　　)键，可以使状态栏上 改写 和 改写 之间来回切换，从而使文字编辑在"插入"与"改写"之间来回切换。

A. Home　　B. Enter　　C. Insert　　D. Num Lock

35. 在编辑 Word 电子文档时，能将光标快速移动到整篇文章末尾的快捷键是(　　)。

A. Home　　B. End　　C. Ctrl+End　　D. Page Down

36. 当 Excel 工作表中某个单元格显示为"########"时，意味着(　　)。

A. 公式错误　　B. 数据错误　　C. 格式错误　　D. 列宽不够

37. 在编辑 Word 电子文档时，将光标移到文档左侧的空白区域，当光标变成 ↗ 时，连续三次快速点击鼠标左键，可以选中(　　)。

A. 当前行　　B. 当前段　　C. 整篇文档　　D. 文档标题

38. 按下(　　)键不放，用鼠标单击 Windows 资源管理器窗口中的文件图标，可以选中多个位置上不连续的文件。

A. Shift　　B. Ctrl　　C. Alt　　D. Insert

39. 在编辑 Word 电子文档时，"图片"工具栏上用来进行图片裁剪的工具是(　　)。

A.　　B.　　C.　　D.

40. 根据下图所示 Excel 工作表提供的数据，能统计女生人数的函数表达式是(　　)。

	A	B	C	D	E	F	G	H	I
1				期末成绩表					
2	学号	姓名	性别	系别	高等数学	计算机	大学语文	大学英语	普通物理
3	200810215001	冷嘉玲	男	计算机	98	97	95	98	99
4	200813215003	马赛克	女	化学	83	88	91	75	45
5	200810215002	文涛	女	计算机	84	98	69	77	47
6	200810215003	王国庆	女	计算机	95	76	65	44	25
7	200813215004	游泳	男	化学	89	95	57	45	63
8	200810215005	孔鹊	女	计算机	86	56	87	85	92
9	200813215001	海藏	男	化学	51	45	77	59	87
10	200813215002	荣光	女	化学	93	73	88	95	58
11	200810215006	柳潞	男	计算机	65	60	98	96	47
12	200813215006	黎明	女	化学	34	93	68	65	58
13	200810215004	程琳	女	计算机	77	70	45	58	35
14	200813215008	海啸	女	化学	75	54	47	78	75

A. COUNT(C3:C14，"女")　　B. COUNTA(C3:C19，女)

C. COUNTIF(C3:C14，女)　　　　　　　　D. COUNTIF(C3:C14,C4)

二、判断题

1. 在邮件接受者的计算机关闭情况下，其他人仍然可以向他邮箱发送邮件。(　)

2. 在一张空白的 Excel 工作表中任意单元格输入数值，然后拖动鼠标选中这些单元格，就会在状态栏上显示它们的累加和。(　)

3. Microsoft 的 Windows 是当前世界上唯一可以用的微型计算机操作系统。(　)

4. 静态 RAM 是断电后存储信息不会丢失的半导体存储器。(　)

5. 在 Windows 7 应用程序运行期间，鼠标右击应用程序界面上的不同对象，会弹出不同的快捷菜单(又称为上下文菜单)。(　)

6. 搜索引擎是指以一定的策略搜索互联网上的信息，在对信息进行组织和处理后，为用户提供检索服务的系统(例如 http://www.baidu.com)。(　)

7. 计算机断电 7 天以上，主板上的时钟就会因供电不足而停止工作。(　)

8. 如果 Windows 7 操作系统下的"Internet 协议(TCP/IP)"属性设置为"自动获取 IP 地址"，则用户每次接入宽带网时都会自动获得一个不同的 IP 地址。(　)

9. 在网络有线传输中，目前容量最大、传输速度最快的媒体是光纤。(　)

10. 当"文件夹选项"按下图所示设置时，Windows 窗口中所有文件的扩展名都是不可见的。(　)

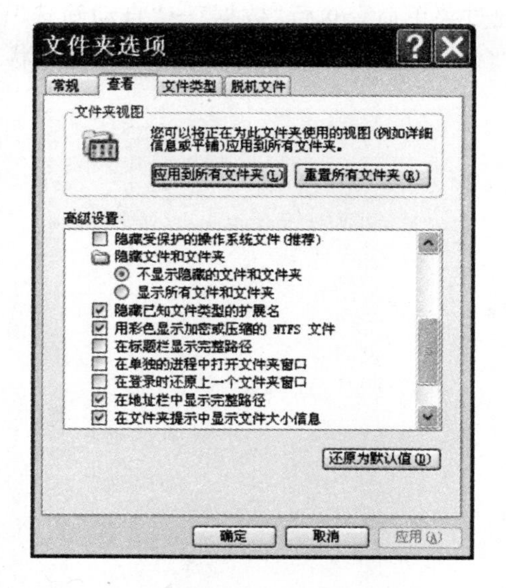

11. 决定计算机计算精度的主要技术指标是计算机的存储容量。(　)

12. 在 Excel 中，图表一旦建立，其标题的字体、字形是不可改变的。(　)

13. Excel 中的工作簿是工作表的集合。(　)

14. Unix 是一种多用户单任务的操作系统。(　)

15. 汇编语言和机器语言都属于低级语言，之所以称为低级语言是因为用它们编写的程序可以被计算机直接识别执行。(　)

16. 在 Windows 的资源管理器中不能查看磁盘的剩余空间。(　)

17. 在汉字系统中，我国国标汉字一律是按拼音顺序排列的。(　)

18. 若一台计算机感染了病毒，只要删除所有的带病毒文件，就能消除所有病毒。(　)

19. Windows 7 操作系统允许一台计算机同时安装多个打印驱动程序，并和多台打印机相联。但默认的打印机只有一台。(　　)

20. Word 的“自动更正”功能仅可替换文字，不可替换图像。(　　)

三、填空题

1. 对 PowerPoint 电子演示文稿的(　　)进行编辑，可以使每张幻灯片的固定位置上显示相同的文字或图片。

2. 在“我的电脑”窗口中选择一个文件，在按下(　　)键的同时按下 Delete 键，就是将这个文件从磁盘上真正地删除，而不是送入回收站。

3. 在 Windows 的菜单命令中，显示暗淡的命令意味着(　　)。

4. 在 Word、Excel、PowerPoint 等应用程序中，工具栏中用于把已定义的文字格式快捷地复制到其他文字上的工具是(　　)。

5. 在 Word 电子文档中插入复杂的数学公式，在“插入”菜单中应选择的命令是(　　)。

6. 目前，计算机发展的四个重要方向是巨型化、微型化、(　　)和智能化。

7. 多媒体具有(　　)、实时性、交互性和集成性四个关键特性。

8. 速度快、印字质量好、噪声低的打印机类型是(　　)。

9. 在 Internet 上采用搜索可以在最短的时间内找到需要的信息，在搜索之前要考虑的三个问题是(　　)、用什么搜索引擎、怎样搜索。

10. 在 Excel 中，可以通过菜单命令执行“数据”→“自动筛选”命令进入数据筛选状态，之后如果再次执行“数据”→“自动筛选”命令，可以(　　)数据筛选状态。

附录 1

习题集锦答案

第 1 章

[单选题]

1.C 2.D 3.D 4.D 5.A 6.C 7.B 8.C 9.A 10.A 11.B 12.D 13.B 14.C 15.C 16.C 17.D 18.B 19.D 20.A 21.C 22.D 23.D 24.A 25.D 26.C 27.C 28.B 29.B 30.B 31.D 32.D 33.D 34.C 35.C 36.C 37.D 38.C 39.B 40.D 41.A 42.D 43.B 44.B 45.A 46.C 47.B 48.C 49.B 50.C 51.A 52.B 53.D 54.B 55.D 56.D 57.D 58.D 59.B 60.B 61.D 62.A 63.D 64.C 65.A 66.A 67.C 68.C 69.B 70.B 71.D 72.C 73.A 74.B 75.D 76.D 77.D 78.D 79.A 80.A 81.A 82.A 83.A 84.B 85.B 86.B 87.D 88.B 89.B 90.B 91.D 92.B 93.D 94.C 95.A 96.D 97.C 98.D 99.B 100.B 101.C 102.A 103.B 104.C 105.B 106.C 107.A 108.A

[判断题]

1.× 2.× 3.× 4.× 5.× 6.× 7.× 8.× 9.√ 10.× 11.× 12.× 13.√ 14.× 15.√ 16.√ 17.× 18.√ 19.× 20.× 21.√ 22.√ 23.√ 24.× 25.× 26.√ 27.√ 28.× 29.× 30.√

[填空题]

1.控制器 2.运算器 3.7 4.1024×1024 5.E1.6 6.20 7.存储程序 8.程序 9.机器 10.二进制 11.打印机 12.编译程序 13.CPU 14.二进制 15.112 16.二进制 17.1 18.1024×512 19.72 20.格式化

第 2 章

[单选题]

1.A 2.C 3.A 4.D 5.B 6.D 7.A 8.D 9.B 10.B 11.A 12.D 13.B 14.D 15.B 16.D 17.A 18.A 19.A 20.C 21.C 22.D 23.A 24.C 25.C 26.A 27.D 28.B 29.C 30.C 31.D 32.D 33.A 34.A 35.C 36.B 37.D 38.B 39.A 40.A 41.B 42.C 43.B 44.D 45.B 46.A 47.C 48.A 49.B 50.B 51.D 52.D 53.B 54.B 55.B 56.D 57.D 58.C 59.D 60.D 61.C 62.A 63.C 64.C 65.A 66.D 67.D 68.A 69.C 70.B 71.D 72.D 73.B 74.D 75.D

[判断题]

1. × 2. √ 3. × 4. √ 5. × 6. × 7. √ 8. √ 9. × 10. × 11. × 12. √ 13. × 14. √ 15. × 16. × 17. × 18. × 19. × 20. √

[填空题]

1. 最大化 2. 选择 3. 灰色 4. 子 5. 外部设备 6. 折叠 7. ? 8. TXT 9. 还原点 10. 已删除的 11. 另存为 12. 最后一次剪切的内容 13. 回收站、真正的物理删除 14. 活动 15. 任务栏 16. 1 17. 文档 18. NTFS 19. 16G 20. 粘贴 21. 多 22. 计算机 23. 桌面 24. 右击 25. 活动 26. 复制 27. 剪切 复制 28. 计算机 资源管理器 29. 桌面 30. 复制 移动 删除 恢复

第3章

[单选题]

1. C 2. A 3. B 4. B 5. B 6. A 7. B 8. B 9. D 10. C 11. B 12. C 13. C 14. A 15. C 16. C 17. A 18. B 19. A 20. B 21. C 22. D 23. C 24. B 25. A 26. B 27. B 28. D 29. D 30. C 31. B 32. B 33. A 34. B 35. D 36. A 37. A 38. A 39. C 40. A 41. B 42. A 43. A 44. D 45. D 46. C 47. A 48. A 49. C 50. D 51. C 52. D 53. C 54. C 55. D 56. A 57. C 58. B 59. D 60. D

[判断题]

1. √ 2. × 3. √ 4. × 5. × 6. √ 7. × 8. × 9. √ 10. √ 11. √ 12. √ 13. × 14. √ 15. × 16. √ 17. √ 18. × 19. √ 20. √

[填空题]

1. 函数 2. 文本框 3. Ctrl＋Home 4. 插入 5. 保存 6. Enter 7. docx 8. Ctrl＋S 9. 无数次 10. 打印预览 11. 页面 12. 选定 13. 撤销 14. Shift 15. 格式 16. 全部替换 17. Ctrl＋A 18. 边框和底纹 19. 三击 20. Shift

第4章

[单选题]

1. A 2. A 3. A 4. C 5. D 6. B 7. D 8. D 9. A 10. A 11. D 12. A 13. B 14. A 15. C 16. B 17. A 18. A 19. A 20. A 21. A 22. D 23. C 24. C 25. B 26. C 27. B 28. B 29. C 30. A 31. A 32. A 33. C 34. C 35. A 36. A 37. D 38. C 39. D 40. A 41. B 42. A 43. D 44. D 45. D 46. A 47. B 48. A 49. B 50. B 51. D 52. A 53. C 54. B 55. A 56. D 57. D 58. D 59. A 60. C 61. C 62. A 63. C 64. C 65. A 66. C 67. C 68. C 69. C 70. C 71. A 72. D 73. C 74. A 75. A 76. C 77. A 78. D 79. D 80. C 81. A 82. B 83. D 84. A 85. C 86. D 87. C 88. A

[判断题]

1. × 2. √ 3. √ 4. × 5. × 6. × 7. × 8. × 9. √ 10. × 11. √ 12. × 13. × 14. √ 15. ×

[填空题]

1. 高级筛选 2. $B$3＋D5 3. sheet1! F6 4. D3＋$D$2 5. $$B$2＋B7 6. 自动填充 7. 不可以 8. 排序 9. ＝ 10. F2 输入

第5章

[单选题]

1. D　2. D　3. A　4. C　5. D　6. C　7. B　8. B　9. B　10. D　11. C　12. C　13. C　14. D　15. D　16. D　17. C　18. D　19. A　20. B　21. B　22. C　23. D　24. D　25. B　26. B　27. B　28. A　29. D　30. C　31. B　32. D

[判断题]

1. √　2. √　3. √　4. √　5. ×　6. ×　7. √　8. ×　9. ×　10. √　11. ×　12. ×　13. √　14. √　15. √

[填空题]

1. 提示向导　模板　空电子演示文稿　2. 设计模板　内容模板　3. 备注　4. 演讲者放映　观众自行浏览　展台浏览　5. 幻灯片放映　6. 开始　7. 普通　动画　8. 幻灯片浏览　9. 幻灯片放映　10. Windows 系统

第6章

[单选题]

1. B　2. B　3. A　4. A　5. B　6. D　7. C　8. C　9. C　10. A　11. D　12. B　13. C　14. A　15. C　16. C　17. B　18. A　19. A　20. B　21. B　22. B　23. C　24. C　25. C　26. C　27. B　28. B　29. D　30. D　31. B　32. A　33. C　34. B　35. D　36. A　37. D　38. A　39. A　40. A　41. C　42. C　43. D　44. D　45. A　46. C　47. B　48. B　49. C　50. C　51. A　52. A　53. D　54. C　55. B　56. D　57. D　58. B　59. C　60. B　61. B　62. B　63. D　64. B　65. B

[判断题]

1. √　2. √　3. ×　4. ×　5. ×　6. √　7. √　8. √　9. √　10. ×　11. ×　12. ×　13. ×　14. ×　15. √　16. √　17. √　18. ×　19. √　20. √　21. √　22. √　23. √　24. ×　25. ×　26. ×　27. √　28. √　29. ×

[填空题]

1. 服务器　2. 传输介质　3. 数字信号　4. CERNET　5. TCP/IP 协议　6. 32　7. 申请免费的电子邮箱账号　8. 域名解析　9. 32　128　10. 半双工　全双工　11. 网络机构　政府部门　12. 语义　时序　13. TCP　UDP　14. OSI　15. 传输速率　双绞线　16. 星型　17. 局域网　18. 资源　通信　19. 提高销售　20. 技术和数字

第7章

[单选题]　1. A　2. A　3. C　4. B　5. B　6. D　7. D　8. B　9. A　10. B

[判断题]　1. ×　2. ×　3. √　4. √　5. √

[填空题]　1. 信息　2. 输出　3. 量化　4. 交互性　5. 媒体

第8章

[单选题]

1. B 2. D 3. B 4. C 5. B 6. B 7. D 8. A 9. C 10. D 11. A 12. C 13. B 14. D 15. D 16. C 17. D 18. A 19. B 20. A 21. D 22. B 23. C 24. B 25. C

[判断题]

1. √ 2. × 3. √ 4. × 5. √ 6. × 7. × 8. × 9. × 10. × 11. × 12. √ 13. √

[填空题]

1. 软件系统的脆弱性 2. 修改 3. 用户账户 4. 破坏数据 5. 隐蔽性 6. 程序

附录 2

模拟试题答案

第一套

一、单选题

1.A　2.C　3.C　4.B　5.A　6.C　7.C　8.D　9.B　10.A　11.D　12.A　13.A　14.D　15.D　16.A　17.D　18.B　19.C　20.B　21.D　22.B　23.B　24.C　25.D　26.D　27.D　28.C　29.A　30.B　31.A　32.A　33.A　34.B　35.B　36.B　37.D　38.C　39.A　40.B

二、判断题

1.×　2.×　3.×　4.√　5.×　6.√　7.×　8.×　9.√　10.√　11.√　12.×　13.√　14.√　15.√　16.√　17.×　18.×　19.×　20.√

三、填空题

1.6　2.内存　3.4AH　4.无线　5.广域网　6.128　7.元组　8.true　9.输出设备　10.协议

第二套

一、单选题

1.B　2.B　3.C　4.D　5.A　6.D　7.B　8.C　9.D　10.A　11.B　12.A　13.A　14.A　15.B　16.D　17.A　18.C　19.D　20.D　21.A　22.B　23.C　24.A　25.C　26.A　27.B　28.D　29.B　30.B　31.B　32.D　33.B　34.C　35.C　36.D　37.C　38.C　39.A　40.C

二、判断题

1.√　2.√　3.×　4.×　5.√　6.√　7.×　8.√　9.√　10.√　11.×　12.×　13.√　14.×　15.×　16.×　17.×　18.×　19.√　20.√

三、填空题

1.幻灯片母版　2.Shift　3.当前不可用　4.格式刷　5.公式　6.网络化　7.多样性　8.激光打印机　9.关键词　10.取消

参考文献

[1]　李建华. 计算机文化基础[M]. 北京:高等教育出版社,2012.
[2]　李燕. 计算机应用基础[M]. 武汉:华中科技大学出版社,2013.
[3]　张勇昌. 大学计算机一级等级考试辅导教程[M]. 北京:高等教育出版社,2013.
[4]　姜波,欧阳利华. 计算机应用基础实训指导与习题[M]. 北京:高等教育出版社,2013.
[5]　刘铭. 计算机文化基础学习与训练(一级)[M]. 北京:高等教育出版社,2013.
[6]　张高亮. 大学计算机基础教程[M]. 北京:清华大学出版社,2010.
[7]　谭华山,张高亮. 大学计算机基础实践教程[M]. 北京:清华大学出版社,2010.
[8]　杨振山,龚沛曾. 大学计算机基础简明教程实验指导与测试[M]. 北京:高等教育出版社,2006.